ARIS –

Modellierungsmethoden, Metamodelle, Anwendungen

Vierte Auflage

Springer
*Berlin
Heidelberg
New York
Barcelona
Hongkong
London
Mailand
Paris
Singapur
Tokio*

August-Wilhelm Scheer

ARIS –

Modellierungsmethoden, Metamodelle, Anwendungen

Vierte Auflage

Mit 179 Abbildungen

 Springer

Prof. Dr. Dr. h. c. August-Wilhelm Scheer
Universität des Saarlandes
Institut für Wirtschaftsinformatik
Postfach 15 11 50
D-66041 Saarbrücken

E-Mail: scheer@iwi.uni-sb.de
URL: http://www.iwi.uni-sb.de

Die erste und zweite Auflage erschienen unter dem Titel „Architektur integrierter Informationssysteme".
Ab der dritten Auflage erscheint das Buch in zwei Bänden:
„ARIS – Vom Geschäftsprozeß zum Anwendungssystem"
„ARIS – Modellierungsmethoden, Metamodelle, Anwendungen"

ISBN 3-540-41601-3 Springer-Verlag Berlin Heidelberg New York
ISBN 3-540-64050-9 3. Aufl. Springer-Verlag Berlin Heidelberg New York

Die Deutsche Bibliothek – CIP-Einheitsaufnahme
Scheer, August-Wilhelm: ARIS – Modellierungsmethoden, Metamodelle, Anwendungen / August-Wilhelm
Scheer. – 4. Aufl. – Berlin; Heidelberg; New York; Barcelona; Hongkong; London; Mailand; Paris; Singa-
pur; Tokio: Springer, 2001
    ISBN 3-540-41601-3

Springer-Verlag Berlin Heidelberg New York
ein Unternehmen der BertelsmannSpringer Science+Business Media GmbH

http.//www.springer.de

© Springer-Verlag Berlin Heidelberg 1991, 1992, 1998, 2001
Printed in Germany

Druck: betz-druck GmbH, Darmstadt
Binden: Schäffer GmbH u. Co. KG, Grünstadt
Umschlag: Erich Kirchner, Heidelberg
SPIN 10795607   42/2202-5 4 3 2 1 0 – Gedruckt auf säurefreiem Papier

Vorwort zur vierten Auflage

Aufgrund des großen Erfolges der dritten, völlig neubearbeiteten Auflage von „ARIS – Modellierungsmethoden, Metamodelle, Anwendungen" ist bereits nach zwei Jahren eine Neuauflage erforderlich. Diese vierte Auflage erscheint exakt 10 Jahre nach der ersten Veröffentlichung der „Architektur integrierter Informationssysteme" in 1991.

Wegen des kurzen Zeitverlaufs bis zur jetzigen Auflage waren lediglich einige formale Korrekturen notwendig. Daher kann auf die im Vorwort der dritten Auflage vorgenommene Darstellung von Zielen und Inhalten des Buches für die jetzige Fassung uneingeschränkt verwiesen werden.

Ich danke Herrn Dipl.-Kfm. Christian Ege für die Betreuung der Überarbeitung.

Saarbrücken, Januar 2001

August-Wilhelm Scheer

Vorwort zur dritten Auflage

Die „Architektur integrierter Informationssysteme" hat sich seit ihrer ersten Veröffentlichung in 1991 breit durchgesetzt. Die Dokumentation von Standardsoftware durch betriebswirtschaftliche Modelle hat sich bewährt. Das von der IDS Prof. Scheer GmbH entwickelte, auf dem ARIS-Konzept basierende Softwaresystem ARIS-Toolset ist zum internationalen Marktführer von Business Process Engineering-Tools geworden. Es wird an vielen Universitäten in Europa, USA, Südafrika, Brasilien und Asien zur Unterstützung von Forschung und Lehre auf dem Gebiet der Unternehmensorganisation und der betriebswirtschaftlichen Informationsverarbeitung eingesetzt.

Diese seit dem Erscheinen der ersten zwei Auflagen des Buches einsetzende stürmische Entwicklung hat so viele neue Aspekte und Erfahrungen gebracht, daß eine völlige Neubearbeitung erforderlich wurde.

Dieses wird bereits äußerlich an der Verteilung des Stoffes auf nunmehr zwei Bücher sichtbar:

> *ARIS - Vom Geschäftsprozeß zum Anwendungssystem,*
>
> *ARIS - Modellierungsmethoden, Metamodelle, Anwendungen.*

Der Grund dafür ist, daß für beide Bücher unterschiedliche Leserkreise erwartet werden. Während sich das erste Buch mehr an den betriebswirtschaftlichen und konzeptionell an Anwendungssoftware interessierten Leser wendet, wird im zweiten Buch detaillierteres Wissen zur Modellierung und Informationstechnik vermittelt.

Zum Inhalt

In dem vorliegenden Buch „ARIS – Modellierungsmethoden, Metamodelle, Anwendungen" werden Modellierungsmethoden vorgestellt, ihre Metamodelle entwickelt und zum ARIS-Informationsmodell zusammengestellt.

Gegenüber den ersten zwei Auflagen sind die behandelten Modellierungsmethoden wesentlich erweitert worden. So wird die Modellierung der strategischen Geschäftsprozeßplanung intensiver bearbeitet und Methoden der objektorientierten Modellierung, insbesondere der Unified Modeling Language (UML) werden vertieft.

Wegen der zu erwartenden Standardisierung von UML werden die ARIS-Metamodelle als Klassendiagramme nach UML dargestellt. Inhaltlich ergeben sich daraus aber keine Änderungen zu der Darstellung als Entity Relationship Model (ERM) der ersten zwei Auflagen.

Die Nutzung der Modelle zur Konfiguration von Anwendungssoftware wird besonders beachtet. Dazu werden, gemäß dem „ARIS – House of Business Engineering", die Möglichkeiten zur Konfiguration der Software zur Planung und Steuerung von Geschäftsprozessen, Workflow-Systemen sowie Standardsoftware und Business Objects untersucht.

Anwendungsnahe Beiträge zur Nutzung der ARIS Modelle zur Einführung der Standardsoftware SAP-R3, Workflow-Einführung, Programmentwicklung mit dem ARIS-Framework und der Systementwicklung mit UML ergänzen die konzeptionellen Ausführungen.

Das Buch wendet sich an Informationsmanager, Unternehmensberater, Hochschullehrer und Studenten der Wirtschaftsinformatik, Informatik und verwandter Disziplinen.

Die in dem Buch enthaltenen Abbildungen stehen im Internet unter der Adresse *http://www.iwi.uni-sb.de/communication/buecher* als Folienversionen zur Verfügung und können unter Wahrung des Copyright und Hinweis auf die Quelle verwendet werden.

Ich danke Herrn Dipl.-Kfm. Frank Habermann für die umfangreiche Betreuung des Manuskriptes und Frau Stefanie Elzer und Frau Lucie Bender für die sorgfältige Erfassung des Textes. Die Abbildungen wurden von Herrn Malte Beinhauer und Herrn Sven Kayser erstellt. Fachliche Hinweise haben gegeben Dipl.-Wirtsch.-Ing. Markus Bold, Dr. Wolfgang Kraemer, Dipl.-Kfm. Markus Luzius, Dr. Markus Nüttgens, Dipl.-Ing. Arnold Traut.

Saarbrücken, Januar 1998

August-Wilhelm Scheer

Einordnung des Inhalts

Die von dem Verfasser veröffentlichten Bücher zur Wirtschaftsinformatik folgen einem einheitlichen Grundverständnis, wie es in Abb. I dargestellt ist.

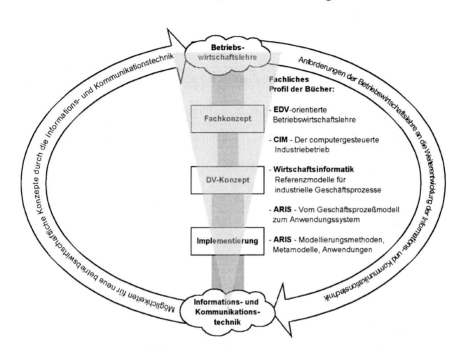

Abb. I Fachliches Profil der Bücher des Verfassers

Die Wirtschaftsinformatik vermittelt zwischen der Betriebswirtschaftslehre und der Informations- und Kommunikationstechnik.

Dabei bestehen wechselseitige Beziehungen. Einmal muß die Informations- und Kommunikationstechnik dahingehend analysiert werden, inwieweit neue technische Verfahren neue DV-orientierte betriebswirtschaftliche Anwendungskonzepte ermöglichen. Diese Beeinflussungsrichtung ist durch den Pfeil an der linken Seite der Abb. I dargestellt. Für die Wirtschaftsinformatik ist dabei nicht die Kenntnis der gesamten Informationstechnik von Bedeutung, sondern nur der Ausschnitt, der zu Änderungen betriebswirtschaftlicher Anwendungskonzepte führt. Hierauf hat sich dann aber die Wirtschaftsinformatik im besonderen Maße zu konzentrieren.

Der Pfeil an der rechten Seite der Abb. I verdeutlicht die Beeinflussung der Informations- und Kommunikationstechnik durch betriebswirtschaftliche Anforderungen an ihre Weiterentwicklung.

Beide Beziehungsrichtungen sind vom Verfasser in dem Buch „EDV-orientierte Betriebswirtschaftslehre", das 1990 in der vierten Auflage erschienen ist, untersucht worden.

Grundsätzliche Wirkungen der Informationstechnik auf betriebswirtschaftliche Abläufe in Industriebetrieben werden in dem Buch „CIM (Computer Integrated

Manufacturing) - Der computergesteuerte Industriebetrieb", das 1990 ebenfalls in der vierten Auflage erschienen ist, behandelt.

Beide Werke behandeln somit DV-orientierte Rahmenkonzepte, die Ausgangspunkt für spezielle Systemlösungen in Unternehmungen sein können.

Die Umsetzung derartiger Rahmenkonzepte in Instrumente der Informationstechnik erfolgt über Informationssysteme. Informationssysteme sind somit die konkreten Vermittler zwischen betriebswirtschaftlichen Anwendungen und der Informationstechnik.

Um Informationssysteme vollständig beschreiben zu können, wurde die „Architektur integrierter Informationssysteme - ARIS" entwickelt. Sie erschien 1991 in der ersten und 1992 in der zweiten Auflage. Dieses Konzept liegt nunmehr in der dritten Auflage als zwei Bücher mit den Titeln

> ARIS - Vom Geschäftsprozeß zum Anwendungssystem
> ARIS - Modellierungsmethoden, Metamodelle, Anwendungen

vor.

In dem Buch „Wirtschaftsinformatik - Referenzmodelle im Industriebetrieb", das 1997 in der siebten Auflage und 1998 als zweite Auflage der Studienausgabe erschienen ist, wird für einen Industriebetrieb ein integriertes Informationssystem durch Funktions-, Daten-, Organisations- und Prozeßmodelle aufgestellt, das dem ARIS-Konzept folgt.

Die betriebswirtschaftliche Relevanz der Beschreibung von Informationssystemen nimmt mit der Nähe zur technischen Implementierung ab. Gleichzeitig nimmt auch die Stabilität der Konzepte ab, da die sich stürmisch entwickelnde Informationstechnik hauptsächlich die technische Implementierung von Informationssystemen beeinflußt. Diesem Gedanken trägt die Gewichtung der behandelten Probleme in allen Büchern des Verfassers Rechnung. Sie folgt somit einer Gewichtung, wie sie durch das Dreieck in Abb. I dargestellt ist.

Alle Bücher des Verfassers sind auch in englischer Sprache verfügbar. Das Buch Wirtschaftsinformatik ist zusätzlich in chinesischer Sprache erschienen - das Buch CIM in portugiesisch. Weitere Übersetzungen sind in Vorbereitung.

Inhaltsverzeichnis

Abkürzungsverzeichnis

ACID	Atomarity, Consistency, Isolation, Durability
ALE	Application Link Enabling
ARIS	Architektur integrierter Informationssysteme
ASAP	Accelerated SAP
ATM	Asynchronuous Transfer Mode
BAPI	Business Application Programming Interface
BPR	Business Process Reengineering
CAD	Computer Aided Design
CAE	Computer Aided Engineering
CAM	Computer Aided Manufacturing
CAP	Computer Aided Planning
CASE	Computer Aided Software Engineering
CIM	Computer Integrated Manufacturing
CNC	Computerized Numerical Control
COM	Component Object Model
CORBA	Common Object Request Broker Architecture
CPI	Continuous Process Improvement
CSMA/CD	Carrier Sense Multiple Access with Collision Detection
DBVS	Datenbankverwaltungssystem
DCOM	Distributed COM
DDL	Data Description Language
DML	Data Manipulation Language
DSDL	Data Storage Description Language
DV	Datenverarbeitung
ECA	Event, Condition, Action
EIS	Executive Information System
EPK	Ereignisgesteuerte Prozeßkette
ERM	Entity Relationship Model
ETM	Event-Trigger-Mechanismus
EU	Europäische Union
FDDI	Fiber Distributed Data Interface
FTP	File Transfer Protocol
GERT	Grafical Evaluation and Review Technique
HOBE	ARIS - House of Business Engineering
HTML	Hypertext Markup Language
HTTP	Hypertext Transfer Protocol
IMG	Implementation Management Guide

IP	Internet Protocol
ISO	International Organization for Standardization
IT	Informationstechnik
IuK	Information und Kommunikation
IWi	Institut für Wirtschaftsinformatik (Universität des Saarlandes)
LAN	Local Area Network
LP	Linear Programming
MPS	Mathematical Programming System
NC	Numerical Control
oEPK	Objektorientierte EPK
OMG	Object Management Group
OOA	Object-Oriented Analysis
ORB	Object Request Broker
OSI	Open Systems Interconnection
PC	Personal Computer
PPS	Produktionsplanung und -steuerung
RFC	Remote Function Call
RMI	Remote Method Invocation
RPC	Remote Procedure Call
SADT	Structured Analysis and Design Technique
SMTP	Simple Mail Transfer Protocol
SQL	Structured Query Language
SWOT	Stengths, Weaknesses, Opportunities, Threats
TCP	Transmission Control Protocol
UML	Unified Modeling Language
VKD	Vorgangskettendiagramm
WAN	Wide Area Network
WMS	Workflow-Management-System

Abbildungsverzeichnis

A ARIS-Geschäftsprozeßmodellierung

Im Zusammenhang mit der Architektur integrierter Informationssysteme (ARIS) sind vier Anwendungsaspekte zu unterscheiden:

- Das ARIS-Konzept (ARIS-Haus) dient als Bezugsrahmen zur Geschäftsprozeßbeschreibung,
- das ARIS-Konzept stellt Modellierungsmethoden bereit, deren Meta-Struktur in einem Informationsmodell zusammengestellt sind,
- das ARIS-Konzept ist Basis des von der IDS Prof. Scheer GmbH entwickelten Software-Systems ARIS-Toolset zur Unterstützung der Modellierung,
- mit dem ARIS - House of Business Engineering (HOBE) wird ein Ansatz zum ganzheitlichen computergestützten Geschäftsprozeßmanagement bereitgestellt.

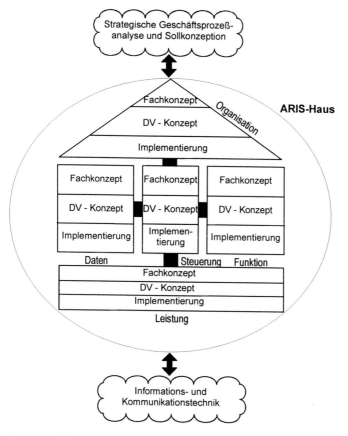

Abb. 1a ARIS-Haus *(aus Scheer, ARIS - Vom Geschäftsprozeß zum Anwendungssystem 1998, Abb. 17)*

Das ARIS-Konzept wurde im Buch *Scheer, ARIS - Vom Geschäftsprozeß zum Anwendungssystem 1998* entwickelt und dient zur Reduktion der Komplexität der Geschäftsprozeßbeschreibung durch die Strukturierung in Beschreibungssichten und Phasen eines Life-Cycle-Modells. Das Konzept wird als ARIS-Haus in Abb. 1a dargestellt.

Die Modellierungsmethoden werden in die Sichten und Ebenen des ARIS-Hauses eingeordnet. Zu diesem Zweck wird ihre Meta-Struktur beschrieben und zu einem detaillierten ARIS-Informationsmodell zusammengestellt. Dieses ist der Hauptgegenstand des vorliegenden Buches.

Auf dem ARIS-Konzept aufbauend, wurde ab 1992 von der IDS Prof. Scheer GmbH in Saarbrücken das ARIS-Toolset entwickelt (Abb. 1b zeigt die Benutzeroberfläche des Produkts ARIS-Easy Design.). Dieses Software-System unterstützt den Modellierer bei der Erstellung und Verwaltung von Modellen. Der Benutzer des Tool wird dabei über das ARIS-Haus als grafisches Icon geführt.

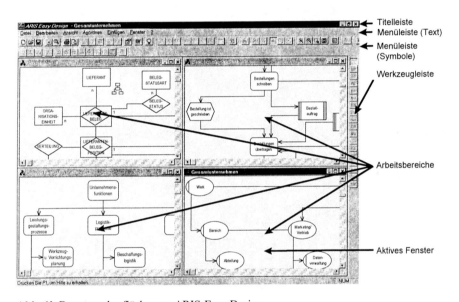

Abb. 1b Benutzeroberfläche von ARIS-Easy Design

Das ARIS-Toolset ist eines der international erfolgreichsten Modellierungswerkzeuge und hat deshalb die besondere Beachtung von Autoren gefunden, die Methodenvergleiche von Modellierungsansätzen durchgeführt haben. Dabei wurden die beiden ersten Aspekte von ARIS: Architektur und Informationsmodell häufig etwas übersehen und der Begriff ARIS mit dem Tool gleichgesetzt. Es ist aber der Meinung von Bach/Brecht u. a. (*vgl. Bach/Brecht/Hess/Österle, Enabling Systematic Business Change 1996, S. 28)* uneingeschränkt zuzustimmen, daß bei der Diskussion des Vorgehens bei Modellierungs-Projekten die Methodenauswahl vor

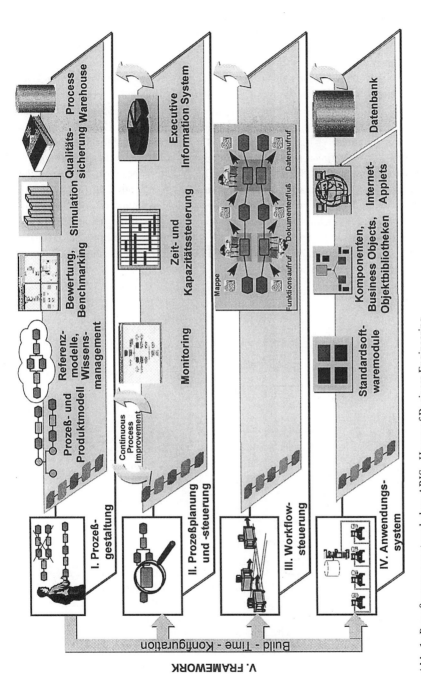

Abb. 1c Prozeßmanagement nach dem ARIS - House of Business Engineering
(aus Scheer, ARIS - Vom Geschäftsprozeß zum Anwendungssystem 1998, Abb. 24)

der Tool-Auswahl kommen sollte („Methods first!"); vielmehr ist sogar hinzuzu-
fügen, daß vor der Methodenauswahl noch die Diskussion der Architektur kommen sollte, um auch die Eignung und Vollständigkeit der Methoden beurteilen zu
können. Der Grundsatz „Methods first!" sollte deshalb um „Architecture very
first!" ergänzt werden.

Der ARIS-HOBE-Ansatz zeigt (vgl. Abb. 1c), wie von der Gestaltung der Ge-
schäftsprozesse über deren Planung und Steuerung bis zur Umsetzung durch
Workflow-Systeme und Funktionsbausteine vermaschte Regelkreise bestehen.
Insbesondere ermöglicht die Verknüpfung der Ebenen I und II ein Continuous
Process Improvement (CPI). Auch der HOBE-Ansatz ist ausführlich in *Scheer,
ARIS - Vom Geschäftsprozeß zum Anwendungssystem 1998* entwickelt worden.

Die Gliederung dieses Buches folgt nach einer Erörterung von Methoden zur
strategischen Geschäftsprozeßmodellierung den ARIS-Sichten und innerhalb der
Sichten dem ARIS-Life-Cycle vom Fachkonzept zur Implementierung. Modellierungsmethoden des Fachkonzepts werden dabei am intensivsten behandelt. Daran
schließen sich Ergänzungen zur Konfiguration der Ebenen II bis IV des HOBE-
Ansatzes aus den Fachkonzeptmodellen an. Dieses ist durch die linken Pfeile in
Abb. 2 zum Ausdruck gebracht.

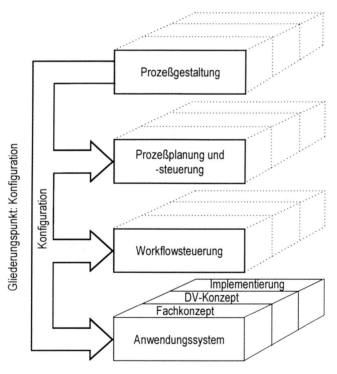

Abb. 2 Gliederungskonzept des Buches
nach dem ARIS - House of Business Engineering

Dieses kann so verstanden werden, daß die Software der Ebene II bis IV den Charakter von Shells hat, die erst durch die inhaltlichen Geschäftsprozeßmodelle der Ebene I auf einen Anwendungsbezug ausgerichtet werden.

Beispielsweise wird das DV-System zur Kapazitätssteuerung der Ebene II erst durch die Ausrichtung auf ein Prozeßmodell eines Krankenhauses oder einer Versandlogistik zu einem Steuerungssystem für einen Operationssaal oder eines Fuhrparks. In dem Geschäftsprozeßmodell der Ebene I werden also durch die inhaltlichen Ressourcenbezeichnungen „Operateur, Beatmungsgerät und Bett" bzw. „Kommissionierer, Lastwagen und Lagerplatz" erst die Ressourcenbezeichnungen des Kapazitätssteuerungssystems festgelegt.

In gleicher Weise werden die Prozeßstrukturen zur Konfiguration des Workflow-Systems der Ebene III und der Anwendungssysteme der Ebene IV eingesetzt. Dazu müssen die Systeme der Ebenen III und IV entsprechende Schnittstellen anbieten. Bei modernen Standardsoftware-Systemen (z. B. R/3 von SAP oder BAAN IV von Baan) sind dieses Schnittstellen zu deren Konfigurations- und Customizing-Tool und bei Workflow-Systemen zu deren Konfigurationssprachen (z. B. der Sprache FDL (Flow Mark Definition Language) bei dem IBM-Produkt FlowMark).

Da die Konfiguration auf der Ebene fachlicher Modelle geschieht, wird sie als ergänzender Teil der Fachkonzeptbeschreibung gesehen und im Anschluß an diese beschrieben.

Anschließend wird die Umsetzung der fachlichen Modelle in Konstrukte des DV-Konzepts und der Implementierung behandelt.

Da auf allen vier Ebenen des HOBE-Ansatzes DV-Systeme eingesetzt werden, betrifft die Umsetzung von Fachkonzepten in Implementierungen grundsätzlich die Software aller Ebenen. Dieser Vorgang ist aber unabhängig von der Art der Software. Stellvertretend kann deshalb zur Veranschaulichung der Umsetzung die Ebene IV in Abb. 2 dienen. Sie zeigt grafisch die Phasen Fachkonzept, DV-Konzept und Implementierung als hintereinander liegende Scheiben. Dieses gilt entsprechend auch für Software der anderen Ebenen. Entsprechend des Verständnisses des Verfassers vom Fach Wirtschaftsinformatik werden Fragen der Implementierung nur gestreift.

Zur Beschreibung aller Meta-Modelle werden Klassendiagramme nach der Unified Modeling Language (UML)-Notation verwendet *(vgl. UML Notation Guide 1997)*. Diese Darstellung ist nahe der des Entity-Relationship-Modells (ERM) von Chen *(vgl. Chen, Entity Relationship Model 1976)*, das in den früheren Auflagen verwendet wurde.

Eine Gegenüberstellung der im folgenden verwendeten UML-Modellierungskonstrukte mit dem ERM gibt Abb. 3. Zu einer detaillierteren Darstellung der UML-Notation vgl. Kapitel A.III.2.1.1.1.

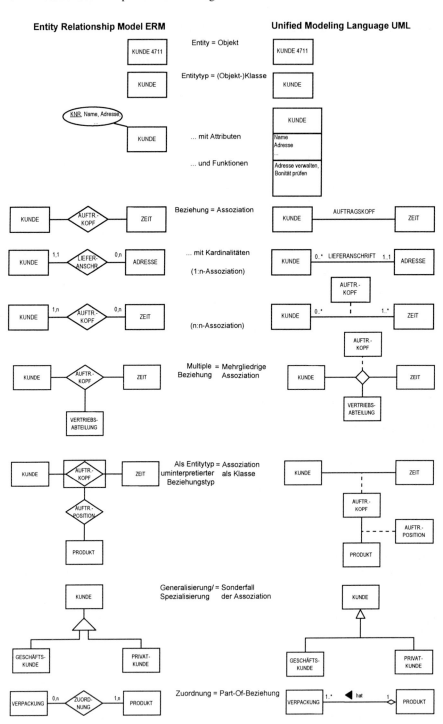

Abb. 3 Gegenüberstellung ERM und Klassendiagramm nach UML

A.I Strategische Geschäftsprozeßanalyse

Die strategische Geschäftsprozeßanalyse ist den eigentlichen Beschreibungen des ARIS-Hauses vorgeschaltet (vgl. Abb. 1a). Die Geschäftsprozeßorganisation ist ein Paradigmenwechsel in der Organisationsgestaltung. Während beim Taylorismus die arbeitsteilige funktionale Gliederung und damit die Spezialisierung der Mitarbeiter im Vordergrund stand, werden bei einer Prozeßorganisation Synergieeffekte zwischen den Funktionen eines ganzheitlichen Ablaufs betrachtet und eine möglichst breite Mitarbeiterqualifikation zur ganzheitlichen Vorgangsbearbeitung angestrebt.

Diese grundlegenden Änderungen der Unternehmensorganisation haben strategischen Charakter, d. h. sie beeinflussen die Wettbewerbssituation der Unternehmung. Besonders prägnant wird dieses durch die Aussage „structure follows process follows strategy" zum Ausdruck gebracht *(vgl. Osterloh/Frost, Prozeßmanagement 1996, S. 3).* Zur Gestaltung der Kernprozesse werden deshalb Ansätze der strategischen Planung herangezogen. Mit der strategischen Geschäftsprozeßanalyse und Bestimmung der strategischen Soll-Konzeption liegen dann die wesentlichen Ziele, Geschäftsfelder und groben neu zu gestaltenden Geschäftsprozesse mit den zu beseitigenden Schwachstellen vor.

Auch werden strategische Aussagen bezüglich der einzusetzenden Informationstechnik gemacht, da sie die Geschäftsprozeßorganisation als Enabler mitbestimmt.

A.I.1 Modellierung der strategischen Geschäftsprozesse

Organisationskonzepte sind kein Selbstzweck, sondern müssen Effizienzkriterien folgen, z. B. Ressourceneffizienz, Prozeßeffizienz und Markteffizienz *(vgl. Frese, Grundlagen der Organisation 1995, S. 26).*

Eine Organisation ist markteffizient, wenn die Marktpotentiale von der Unternehmung voll genutzt werden und geringe Interdependenzen (und damit geringer Koordinationsaufwand) zwischen Organisationseinheiten zur Kundenbetreuung auftreten.

Ressourceneffizienz bezieht sich auf die effiziente Nutzung der Unternehmungsressourcen, insbesondere der Potentialfaktoren menschliche Arbeitsleistung und Betriebsmittel. Die Prozeßeffizienz erfordert die Ausrichtung von Abläufen auf die Ziele der Unternehmung.

Die Effizienzkriterien stehen in der Regel im Gegensatz zueinander (bereits Gutenberg hat deshalb vom Dilemma zwischen den Zielen minimale Durchlaufzeit [Prozeßeffizienz] und maximaler Kapazitätsauslastung [Ressourceneffizienz] gesprochen, *vgl. Gutenberg, Die Produktion 1983, S. 216).*

In Abb. 4a ist eine funktional gegliederte Organisation dargestellt, d. h. die Organisationseinheiten sind nach den Funktionen gebildet. Diese Organisationsstruktur unterstützt tendenziell die Ressourceneffizienz. Die Geschäftsprozesse wie Auftragsabwicklung, die von den Leistungsfeldern (L1 bis L4) der Unternehmung getrieben werden, neigen dann aber wegen des hohen Koordinationsbedarfs zwischen den Funktionen zur Ineffizienz.

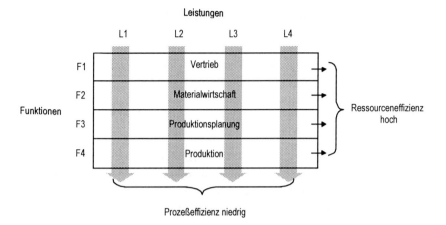

Abb. 4a Funktionale Organisation

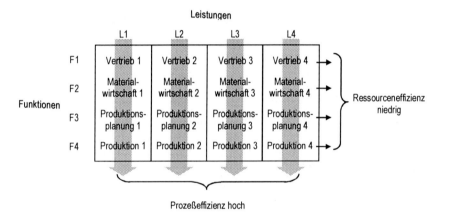

Abb. 4b Prozeßorientierte Organisation

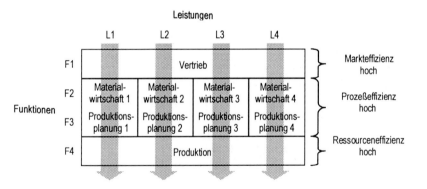

Abb. 4c Hybride Organisation

Abb. 4b zeigt eine reine prozeßorientierte Organisation, d. h. die Organisationseinheiten sind nach Prozessen gegliedert. Hier dominiert die Prozeßeffizienz zu Lasten der Ressourceneffizienz.

Abb. 4c stellt eine hybride Organisation dar, die allen drei Kriterien Rechnung zu tragen versucht, indem die Markteffizienz durch eine unternehmensweite Vertriebsorganisation („one face to the customer") erreicht wird, die Logistikabläufe der einzelnen Produktgruppen funktionsübergreifend und damit prozeßeffizient organisiert sind und die Produktion durch die unternehmensweite Nutzung der Potentialfaktoren ressourceneffizient organisiert ist.

Trotz der teilweisen Gegensätzlichkeit der Effizienzkriterien hat sich die Prozeßorientierung als starker Organisationstrend herausgestellt. Ein Grund dafür ist, daß die Kunden die Effizienz von Unternehmungsprozessen wie Logistik oder Produktentwicklung registrieren und zum anderen, daß das Management Unternehmungsprozesse mit Zielgrößen steuern kann, also z. B. die Verkürzung von Prozessen um einen bestimmten Betrag vorgeben kann.

Die Markteffizienz wird dadurch zu erreichen versucht, daß bei der Bildung der strategisch wichtigen Geschäftsprozesse (Kernprozesse) ihre Wettbewerbswirksamkeit und damit Marktkriterien betont werden. Ressourceneffizienz wird durch eine hohe Flexibilität der Potentialfaktoren erreicht, die z. B. bei Unterauslastung ihre leichte Allokation auf andere Prozesse ermöglicht.

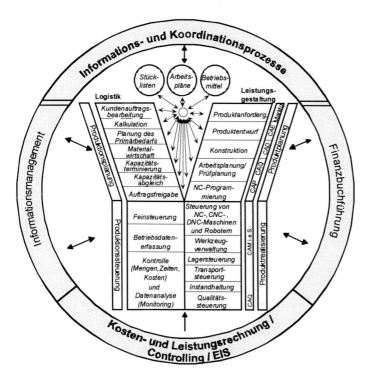

Abb. 5 Kernprozesse und Unterstützungsprozesse
(aus Scheer, Wirtschaftsinformatik 1997, S. 93)

Kernprozesse beeinflussen die Wettbewerbsposition einer Unternehmung, sind funktionsübergreifend und besitzen Schnittstellen zu den Kunden und Lieferanten. Die beiden Hauptgruppen dieser Kernprozesse betreffen die Auftragslogistik und die Produktentwicklung, um die als Unterstützungsprozesse die Informations- und Koordinationsprozesse angeordnet sind (vgl. Abb. 5). Diese Einteilung ist zunächst allgemein, so daß zur Detaillierung die Prozesse in Varianten untergliedert werden können *(vgl. Osterloh/Frost, Prozeßmanagement 1996, S. 50 f.)*. Segmentierungskriterien sind dabei Komplexitätsgrade (z. B. bei der Auftragsabwicklung die Gliederung nach schwierigen Fällen, mittelschweren Fällen und Routinefällen) oder Kundengruppen (Privatkunden, Firmenkunden).

Zur Analyse der Wettbewerbswirksamkeit können Ansätze der strategischen Planung herangezogen werden *(vgl. Krcmar, Informationsmanagement 1997, S. 203 f.)*.

Abb. 6 Wertschöpfungsdiagramm nach Porter
(nach Porter, Wettbewerbsvorteile 1992, S. 62)

Ein Ansatz ist das Konzept kritischer Erfolgsfaktoren von Rockart *(vgl. Rockart, Critical Success Factors 1982)*. Ein kritischer Erfolgsfaktor ist ein für den Unternehmungserfolg wichtiges zu verfolgendes Ziel wie hohe Qualität, hohe Liefertreue, Forschungsvorsprung oder hohe Flexibilität. Auf diese Ziele sind die Geschäftsprozesse auszurichten.

Das Wertschöpfungskettendiagramm von Porter (vgl. Abb. 6) stellt einen Bezugsrahmen für die Wichtigkeit von Funktionen dar. Als primäre Aktivitäten gelten dabei solche Funktionen, die direkt an der Erstellung und Verwertung der Leistungen der Unternehmung beteiligt sind, während die sekundären Aktivitäten durch Infrastruktur und Steuerungsmaßnahmen die primären Aktivitäten unterstützen. Werden die primären Aktivitäten in ihrem Wertschöpfungszusammenhang betrachtet, ergibt sich eine grobe Prozeßstruktur, die als erster Einstieg in eine Prozeßorganisation verfolgt werden kann.

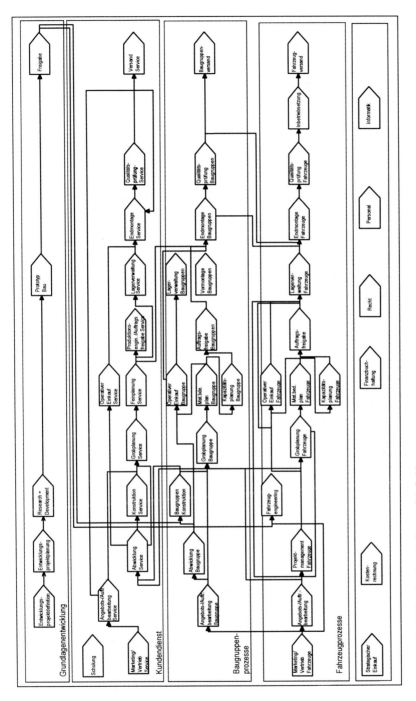

Abb. 7 Beispiel für eine Geschäftsprozeßdefinition
(nach Kirchmer, Definition von Geschäftsprozessen 1995, S. 271)

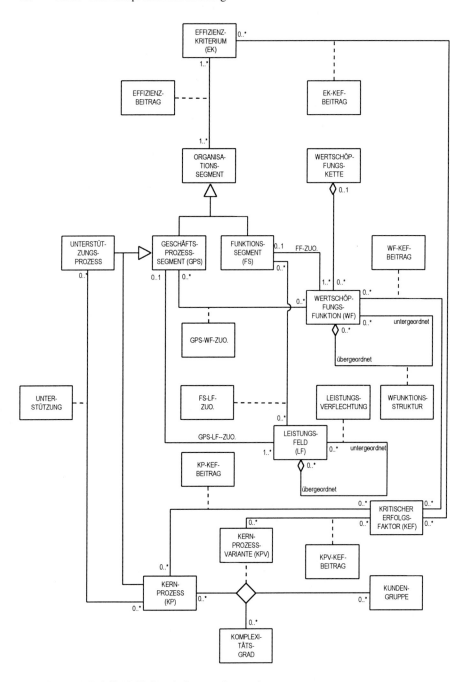

Abb. 8 Meta-Modell ARIS-Geschäftsprozeßstrategie

Ein praxisnahes Beispiel zeigt Abb. 7. In ihm sind Teilprozesse mit ihren Verknüpfungen dargestellt. Die Grundlagenentwicklung ist als unterstützender Prozeß für alle Leistungsfelder „Baugruppen" und „Fahrzeuge" zuständig. Auch der Geschäftsprozeß Kundendienst ist für alle Leistungsfelder gleich. Der Geschäftsprozeß Auftragsabwicklung ist dagegen in zwei Varianten für die Leistungsfelder „Baugruppen" und „Fahrzeuge" geteilt.

In Abb. 8 ist das Meta-Modell der angeführten Konzepte dargestellt. Die organisatorischen Effizienzkriterien (Prozeß-, Ressourcen-, Markteffizienz) bilden die Klasse EFFIZIENZKRITERIUM. Die aufbauorganisatorischen Segmente, wie sie z. B. nach Abb. 4a-c gebildet sind, bilden die Klasse ORGANISATIONSSEGMENT. Die Klasse ist in die zwei Unterklassen FUNKTIONSSEGMENT bei mehr horizontaler Organisation und GESCHÄFTSPROZESSEGMENT bei mehr vertikaler Gliederung spezialisiert. Jedes Organisationssegment repräsentiert somit ein Feld aus Abb. 4c. Der Beitrag der Organisationssegmente zu den Effizienzkriterien wird in der Assoziationsklasse EFFIZIENZBEITRAG erfaßt.

Die Beiträge können in Tabellenform dargestellt werden, wobei sie verbal oder - wenn möglich - auch quantitativ ausgedrückt werden. Für das Beispiel der Abb. 4c ergibt sich z. B. die Bewertungstabelle der Abb. 9.

Organisations- segment \ Effizienz- kriterium	Markteffizienz	Prozeßeffizienz	Ressourceneffizienz
Vertrieb	hoch, da geringer Koordinationsbedarf und Ausnutzung aller Marktchancen durch "One Face to the Customer"-Prinzip	mittel, da Abstimmungsbedarf zu mehreren Logistiksystemen	gute Ausnutzung der Vertriebsressourcen Mitarbeiter, Werbung usw.
Logistik	mittel, da Abstimmungsbedarf mit einem zentralen Vertrieb	hoch innerhalb der Logistik, mittel zu den angrenzenden Funktionen Vertrieb und Produktion	mittel, da Ressourcen pro Segment aufgebaut werden mit geringerer Ausgleichsmöglichkeit
Produktion	mittel, da Fertigung auf alle Produkte ausgerichtet und damit schwerfällig gegen Sonderwünschen ist	mittel, da sich heterogene Aufträge gegenseitig behindern	hoch, da alle Fertigungsressourcen gemeinsam genutzt werden

Abb. 9 Effizienzbeiträge von Organisationssegmenten

Die Ausrichtung funktions- oder prozeßorientierter Organisation wird durch die Anzahl der Ausprägungen der Assoziationen zwischen ORGANISATIONSSEG-

MENT zu den Klassen WERTSCHÖPFUNGSFUNKTION und LEISTUNGS-FELD deutlich.

Der Begriff Wertschöpfungsfunktion soll ausdrücken, daß es sich um eine mächtige Funktion handelt, die auch als Teilprozeß bezeichnet wird und in einer Wertschöpfungsdarstellung wie Abb. 6 enthalten ist.

Ein Leistungsfeld kennzeichnet strategisch wichtige Produktgruppen und Dienstleistungsgruppen der Unternehmung (vgl. Abb. 10). Leistungsfelder können untereinander verknüpft sein.

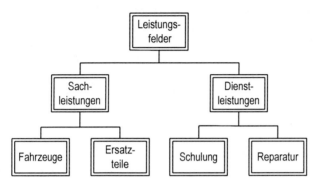

Abb. 10 Leistungsfelder

Bei der funktionsorientierten Organisation ist die Anzahl der Zuordnungen zwischen FUNKTIONSSEGMENT und WERTSCHÖPFUNGSFUNKTION klein (im extrem gleich 1) und zu LEISTUNGSFELD hoch, während bei der Prozeßorganisation die Anzahl der Zuordnungen zu LEISTUNGSFELD klein (im extrem gleich 1) und zu WERTSCHÖPFUNGSFUNKTION hoch sind.

Die Assoziation zwischen LEISTUNGSFELD und GESCHÄFTSPROZESS-SEGMENT kennzeichnet, welche Geschäftsprozesse für ein Leistungsfeld erforderlich sind. Mit diesem Zusammenhang kann z. B. eine Outsourcing-Entscheidung beurteilt werden. Wird ein Leistungsfeld nicht mehr selbst erstellt, entfallen bestimmte Prozesse - dafür entstehen neue Prozesse zum Management und Controlling des Outsourcing. Die zwischen den Leistungsfeldern bestehenden Verflechtungen werden durch die Assoziation LEISTUNGSVERFLECHTUNG ausgedrückt. Damit ist die Leistungsfeldstruktur der Abb. 10 in dem Meta-Modell erfaßt.

Die Vorgänger-Nachfolger-Beziehungen der Wertschöpfungsfunktionen innerhalb eines Geschäftsprozesses werden durch die Assoziation WFUNKTI-ONSSTRUKTUR angegeben. Dadurch kann ein strategisches Geschäftsprozeßmodell wie Abb. 7 in der Meta-Struktur erfaßt werden.

Die Gechäftsprozeßtypen untergliedern sich gemäß des Wertschöpfungsmodells von Porter in die Entitytypen KERNPROZESS und UNTERSTÜTZUNGS-PROZESS.

Den Kernprozessen insgesamt sowie auch einzelnen Wertschöpfungsfunktionen können kritische Erfolgsfaktoren zugeordnet werden und dabei ihre Bedeutung als KEF-BEITRAG erfaßt werden.

Die nach Kundengruppe oder Komplexitätsgrad segmentierten Kernprozeßvarianten bilden eine Assoziation zwischen KERNPROZESS, KUNDENGRUPPE und KOMPLEXITÄTSGRAD. Auch der Assoziationsklasse KERNPROZESS-VARIANTE können differenzierte Bewertungen für kritische Erfolgsfaktoren zugeordnet werden. Hieraus können auch Ziele für Prozeßverbesserungen abgeleitet werden.

Die Bewertungen zwischen Prozessen und kritischen Erfolgsfaktoren können in Tabellen dargestellt werden. Abb. 11 zeigt ein Beispiel für drei Prozeßvarianten der Kundenauftragsbearbeitung. Durch den Bezug der kritischen Erfolgsfaktoren zu den Effizienzkriterien der Organisationsgestaltung kann auch die Bedeutung dieser Effizienzkriterien für den Unternehmungserfolg dargestellt werden.

Kritische Erfolgsfaktoren / Prozeßvarianten Kundenauftragsbearbeitung	Produktqualität gesichert	Lieferzeiteinhaltung	Kosteneffizienz
Kundenauftragsbearbeitung Standardartikel	hoch	hoch	sehr hoch
Kundenauftragsbearbeitung kundenauftragsbezogener Artikel	sehr hoch	sehr hoch	hoch
Kundenauftragsbearbeitung Ersatzteilbestellungen	extrem hoch	extrem hoch	mittel

Abb. 11 Bedeutung kritischer Erfolgsfaktoren für verschiedene Prozeßvarianten

Die identifizierten Geschäftsprozeßvarianten werden mit Hilfe von Vorgangskettendiagrammen (VKD) in einzelne Aufgabenschritte zerlegt. Die Darstellung bleibt dabei auf der strategischen Ebene, wenn auch der Übergang zur späteren Fachkonzeptbeschreibung fließend ist. Die Prozeßdarstellung wird nur soweit verfeinert, daß wesentliche strategische Mängel des gegenwärtigen Ablaufs und die Vorteile des zukünftigen Ablaufs deutlich werden. In einem Vorgangskettendiagramm wird ein Geschäftsprozeß geschlossen dargestellt (Vorgangskettendiagramme in einfacher Form wurden von dem Verfasser zuerst in dem Buch *Scheer, EDV-orientierte Betriebswirtschaftslehre, 1984, S. 22 f.* vorgestellt).

In Abb. 12a und b sind für den Geschäftsprozeß Auftragsbearbeitung die groben Abläufe für Ist und Soll angegeben. Die Vorgangskettendiagramme zeigen in komprimierter Form die wesentlichen Zusammenhänge des ARIS-Geschäftsprozeßmodells. Die tabellarische Darstellung erhöht gegenüber der Freiformdarstellung einer ereignisgesteuerten Prozeßkette (EPK) (vgl. S. 125) die Übersichtlichkeit, erschwert aber die Abbildung komplizierter Ablaufstrukturen, z. B. Schleifen.

In den ersten zwei Spalten wird der grobe Kontrollfluß dargestellt; die Informationsobjekte kennzeichnen den Datenfluß. Die an den Funktionen beteiligten externen Partner und internen Organisationseinheiten sind in der 4. Spalte eingetragen. Der Leistungsfluß wird in der Spalte 5 angegeben.

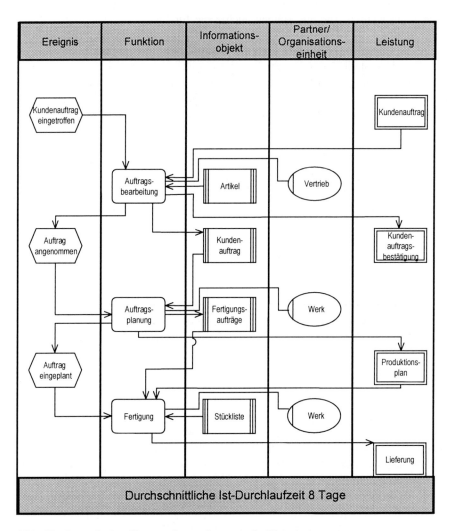

Abb. 12a Strategisches Vorgangskettendiagramm Ist-Situation

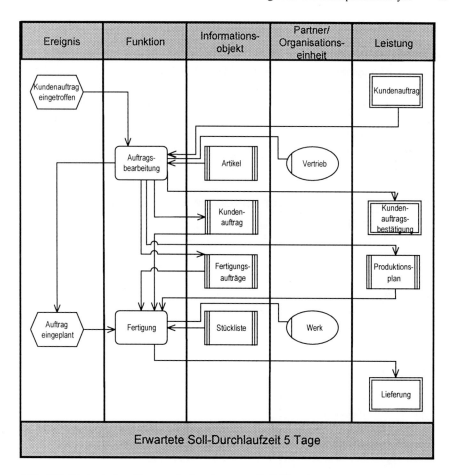

Abb. 12b Strategisches Vorgangskettendiagramm Soll-Situation

Im Vergleich zwischen Ist- und Soll-Prozeß wird im Soll die Abstimmung eines neuen Kundenauftrags mit dem bestehenden Produktionsplan bereits von der Vertriebsabteilung durchgeführt. Dadurch entfallen gegenüber der Ist-Situation, bei der die Einplanung im Produktionswerk vorgenommen wird, mehrere Tage durch Übertragungszeiten und Rückfragen. Die durchschnittlichen Durchlaufzeiten verringern sich entsprechend.

In die Vorgangskettendiagramme können bereits globale DV-Systembezeichnungen aufgenommen werden, um bei Ist-Analysen grobe Systembrüche zu erkennen oder bei Soll-Konzepten Vorgaben des strategischen Informationsmanagements zu verdeutlichen.

Die Vorgangskettendiagramme werden bei der Fachkonzeptbeschreibung wieder aufgenommen. Dort wird auch die Meta-Struktur erarbeitet.

A.I.2 PROMET

Die Methode PROMET wurde an der Hochschule St. Gallen entwickelt *(vgl. Information Management Gesellschaft, PROMET 1994; Österle, Business Engineering 1 1995; Österle/Vogler, Praxis des Workflow-Managements 1996)*. Sie leitet die Geschäftsprozesse aus der strategischen Unternehmensplanung ab und verbindet sie mit der Informationstechnik. Die Methode besteht im wesentlichen aus einigen Netzdarstellungen und vordefinierten Matrizen zur Darstellung von Zusammenhängen und Gewichten. Die Methode wird vom ARIS-Toolset unterstützt.

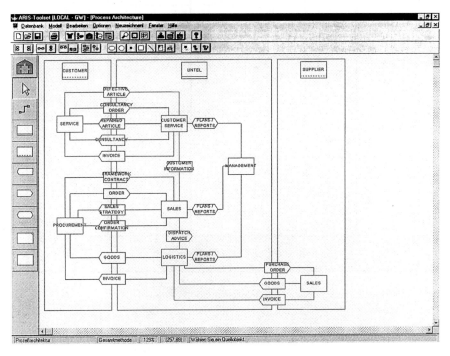

Abb. 13 Prozeßablauf nach PROMET
(nach Bach/Brecht/Hess/Österle, Enabling Systematic Business Change 1996, S. 271)

Ausgangspunkt ist die Geschäftsstrategie einer Unternehmung, also Entscheidungen über Allianzen, Organisationsstruktur, Geschäftsfelder und Führungsinstrumente.

Mit dem SWOT-Netzwerk (SWOT = Strengths, Weaknesses, Opportunities, Threats) wird ein Geflecht der Wettbewerbskräfte der Unternehmung abgebildet.

Das Sektornetzwerk beschreibt die Akteure im Markt und deren Beziehungen.

In einer Geschäftsfeldmatrix werden die Produkt-Markt-Kombinationen mit Vertriebskanälen verbunden.

Nachdem die Strategie der Unternehmung erkannt und beschrieben ist, werden den Geschäftsfeldern Geschäftsprozesse zugeordnet. In einem Qualitätsprofil werden einzelne Prozeßteile hinsichtlich ihrer Bedeutung und Qualität mit Konkurrenten verglichen. Das Dokument „Aufgabenkette" stellt in grober Form den Prozeßablauf dar und bildet den Übergang zur operativen Umsetzung mit Hilfe der Informationstechnik (vgl. Abb. 13). Die Tabelle ist mit den Vorgangsketten-diagrammen des ARIS-Konzepts vergleichbar.

Das Meta-Modell der PROMET-Methode ist in Abb. 14 angegeben. Es zeigt einige Erweiterungen zu dem Meta-Modell der Abb. 8, die weitgehend selbsterklärend sind.

Der Vorteil von PROMET liegt in der vorgegebenen Struktur der „Deliverables" für ein Business-Engineering-Projekt und der Durchgängigkeit von Strategiekonzepten (z. B. nach Porter) bis zur IT-Unterstützung von Prozessen und den Vorteilen einer DV-gestützten Dokumentation durch ein Modellierungs-Tool. Wichtig ist auch die Verknüpfung zu kritischen Erfolgsfaktoren (Zielen) zur Prozeßverbesserung.

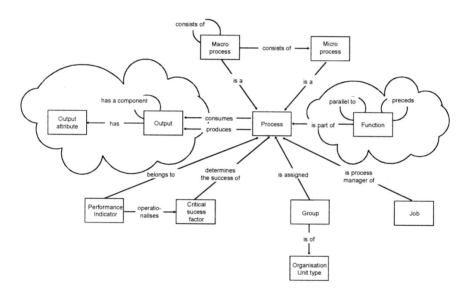

Abb. 14 Meta-Modell von PROMET
(nach Bach/Brecht/Hess/Österle, Enabling Systematic Business Change 1996, S. 270)

A.I.3 Weitere Methoden zur strategischen Geschäftsprozeßmodellierung

Es gibt eine Fülle weiterer Methoden, die bei der Beurteilung, Priorisierung und strategischen Gestaltung von Geschäftsprozessen helfen können. Viele Verfahren bedienen sich einfacher grafischer Darstellungen oder Tabellen. Ohne Anspruch auf Vollständigkeit sind zu nennen:

- Bedeutungsmatrix von Geschäftsprozessen *(vgl. Mc Farlan/Mc Kenney/Pyburn, Information archipelago 1983)*,
- Informationsintensität der Leistungsfelder nach Porter *(vgl. Porter/Millar, How Information gives you Competitive Advantage 1985)*,
- Portfoliodarstellung der Boston-Consulting-Group.

Ein Überblick über die Methoden zur strategischen Geschäftsprozeßgestaltung ist z. B. zu finden bei *Krcmar, Informationsmanagement 1997, S. 203 f.; Osterloh/Frost, Prozeßmanagement 1996, S. 139-155; vgl. auch Elbling/Kreuzer, Strategische Instrumente 1994)*.

A.II Modellierung der einzelnen ARIS-Sichten

A.II.1 Modellierung der Funktionssicht

Die Einordnung des Funktions-Bausteins in das ARIS-Haus ist in Abb. 15 dargestellt. Häufig werden Funktionen im Zusammenhang mit anderen Komponenten beschrieben. Dieses liegt insbesondere bei der Verbindung von Funktionen mit Daten nahe, da Bürofunktionen den Informationstransformationsprozeß beschreiben, also Input-Daten zu Output-Daten transformieren. Aber auch im Zusammenhang mit Organisationsobjekten werden häufig Funktionen beschrieben, insbesondere unter dem Gesichtspunkt der Arbeitsplatzbeschreibung.

Bei dem ARIS-Konzept werden dagegen die Funktionen als eigenständige Sicht auf einen Geschäftsprozeß behandelt.

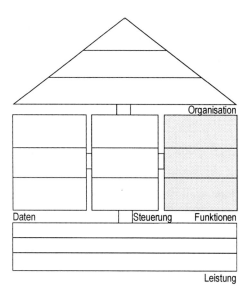

Abb. 15 Einordnung Funktionssicht in ARIS

A.II.1.1 Fachkonzept der Funktionssicht

Aus der Geschäftsprozeßstrategie folgen die Funktionen, die ein Unternehmen effizient ausführen muß *(vgl. Mertens, Wirtschaftsinformatik 1995, S. 40)*. Der Begriff Funktion ist nicht allgemeingültig definiert. Er wird häufig synonym mit den Begriffen Vorgang, Tätigkeit, Aktivität oder Aufgabe eingesetzt. Der Name einer komplexen Funktion wie Auftragsbearbeitung wird auch für die Bezeichnung eines Geschäftsprozesses verwendet. Zu einem Geschäftsprozeß gehört aber auch die Verhaltensbeschreibung, also die dynamische Steuerung des Funktionsablaufs von seinem Entstehen bis zur Beendigung. Bei einer reinen Funktionsbeschreibung dominiert dagegen die Darstellung der statischen Funktionsstruktur.

Die Symbole zur Darstellung von Funktionen sind uneinheitlich. Abb. 16 gibt eine Zusammenstellung einiger gebräuchlicher Symbole für Funktionsdarstellungen. Im folgenden wird das abgerundete Rechteck verwendet.

Basis der Funktionsmodellierung für eine Geschäftsprozeßgestaltung ist das DV-orientierte strategische Ausgangskonzept. In ihm sind die Ziele definiert, die von den Funktionen unterstützt werden sollen. Ziele können dabei aus dem von Rockart entwickelten Konzept kritischer Erfolgsfaktoren abgeleitet werden (*vgl. Rockart, Critical Success Factors 1982).*

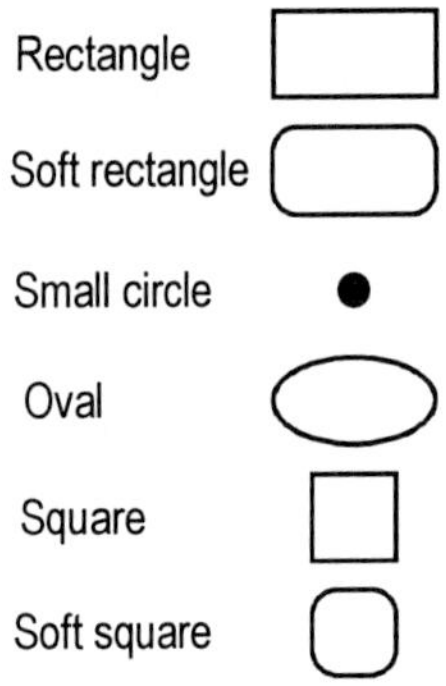

Rectangle

Soft rectangle

Small circle

Oval

Square

Soft square

Abb. 16 Symbole für Funktionsdarstellung
(aus Olle u. a., Information Systems Methodologies 1991, S. 274)

Eine Funktion wird als eine Verrichtung an einem Objekt zur Unterstützung eines oder mehrerer Ziele definiert. Ziele können untereinander verflochten sein (vgl. Abb. 17). Dabei kann ein Unterziel mehrere Oberziele unterstützen. Die Struktur der netzartig untereinander verflochteten Ziele bildet somit eine *:*-Assoziation innerhalb der Klasse ZIELE (vgl. Abb. 18). Zur Unterscheidung der zwei Kanten zwischen ZIELE und ZIELSTRUKTUR werden ihnen Rollennamen zugeordnet. Da den Oberzielen keine weiteren übergeordneten Ziele zugeordnet werden, Unterzielen aber mehrere Ziele übergeordnet sein können, ergibt sich für die Kante „übergeordnet" eine Kardinalität der (min,max)-Notation von (0..*). Die gleiche Kardinalität trifft auch für die Kante „untergeordnet" zu, da den Unterzielen der niedrigsten Stufe keine weiteren Ziele untergeordnet werden.

Eine Funktion kann mehrere Ziele unterstützen. Die Zuordnung zwischen Funktionen und Zielen ist jeweils nach oben vererbbar, d. h. eine Zuordnung auf tieferer Ebene vererbt sich auf die oberen Ebenen. Die Funktion „Fertigungssteuerung" unterstützt somit in Abb. 17 auch das Oberziel „Kostenminimierung".

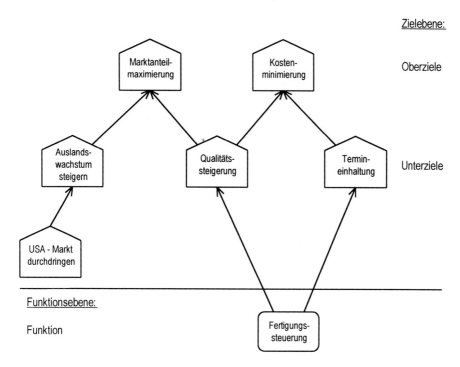

Abb. 17 Ziel- und Funktionsstrukturen

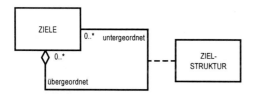

Abb. 18 Klassendiagramm zur Abbildung der Zielstruktur

A.II.1.1.1 Funktionsstruktur

Funktionen können auf unterschiedlichen Verdichtungsstufen beschrieben werden. Oberste Verdichtungsstufe und damit Ausgangspunkt der Betrachtung sind komplexe Funktionsbündelungen. Um die Komplexität zu reduzieren, wird ein Funktionsbündel strukturiert, d. h. in Teilfunktionen gegliedert. Diese Untergliederung wird mit Hierarchiediagrammen dargestellt. Abb. 19a zeigt ein Beispiel für ein Hierarchiediagramm für (primär) informationstransformierende Funktionen und Abb. 19b für (primär) materialtransformierende Funktionen.

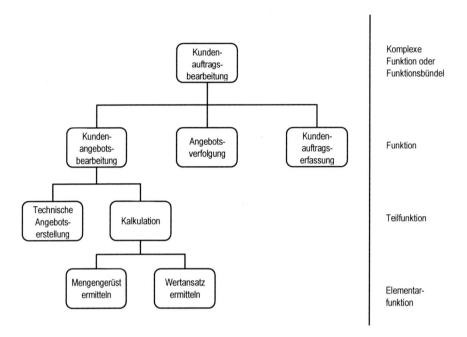

Abb. 19a Beispiel für ein Hierarchiediagramm für informationstransformierende
Funktionen

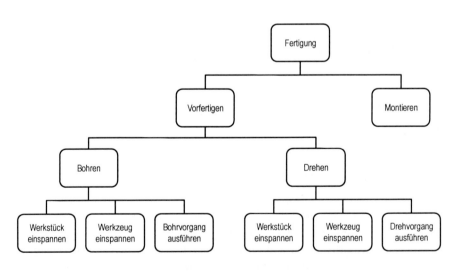

Abb. 19b Beispiel für ein Hierarchiediagramm für materialtransformierende Funktionen

Damit sind auch die zwei unterschiedlichen Haupt-Funktionsklassen, die sich nach dem zu bearbeitenden Objekt unterscheiden, angegeben. Im folgenden orientieren sich die Erörterungen mehr an den informationsverarbeitenden Funktionen des Bürobereichs - die Aussagen gelten aber weitgehend auch für die Funktionen in der Fertigung.

Grundsätzlich kann der Begriff Funktion auf allen Hierarchieebenen benutzt werden. Er wird aber häufig nach dem Detaillierungsgrad der Betrachtung aufgespalten in (vgl. Abb. 19a):

– **Funktionsbündel:**
   Komplexe Funktion, die sich aus einer Vielzahl von Tätigkeiten zusammensetzt.
– **Funktion:**
   Komplexe Tätigkeit, die weiter untergliedert werden kann und direkt in ein Funktionsbündel eingeht.
– **Teilfunktion:**
   Tätigkeit, die in Teilfunktionen oder Elementarfunktionen zerlegt wird und in übergeordnete Funktionen eingeht.
– **Elementarfunktion:**
   Tätigkeit, die sinnvoll nicht weiter untergliedert wird. Kriterien dafür sind die geschlossene Bearbeitung an einem Arbeitsplatz oder die geschlossene interne Ablaufstruktur ohne Bearbeitungsalternativen.

Diese Begriffe sind häufig nur willkürlich voneinander abzugrenzen. Deshalb wird im weiteren nur die generelle Bezeichnung Funktion verwendet.

Obwohl die Zerlegung von Funktionen durch Hierarchiediagramme weit verbreitet ist, ist dieses Top-Down-Vorgehen problematisch. So fehlen meistens feste Regeln zur Untergliederung, so daß auch die Kontrolle der Konsistenz der Funktionen einer Ebene schwierig ist. Dagegen ist der umgekehrte Weg, Elementarfunktionen zu größeren Funktionseinheiten zusammenzufassen, systematischer durchzuführen. Deshalb sollte bei praktischen Anwendungen beiden Ansätzen gefolgt werden: zunächst werden in einem Top-Down-Ansatz Funktionen zerlegt, um Anregungen für Elementarfunktionen zu bekommen; anschließend werden diese in einem Bottom-Up-Ansatz neu zusammengestellt. Instruktive Anwendungsbeispiele für Funktionshierarchien geben Martin und Olle u. a. (*vgl. Martin, Information Engineering II 1990, S. 45 f.; Olle u. a., Information Systems Life Cycle 1988, S. 57*).

Funktionshierarchien können nach den Kriterien gleiche Verrichtung, gleiches Informationsobjekt oder Zugehörigkeit zum gleichen Geschäftsprozeß gebildet werden (*vgl. Nüttgens, Koordiniert-dezentrales Informationsmanagement 1995, S. 97*). Bei dem Kriterium Geschäftsprozeß wird gegenüber der dynamischen Geschäftsprozeßbeschreibung lediglich die statische Funktionszusammenstellung erfaßt. Abb. 20 gibt einige Beispiele zu den Gliederungskriterien. Eine Untergruppe entsteht jeweils, indem ein Kriterium weiter differenziert wird.

Gliederungskriterium	Charakterisierung	Beispiel
Verrichtung	Gruppierung von Funktionen mit gleichen / ähnlichen Transformationsvorschriften	Debitorrechnung buchen Kreditoren buchen Lohnzahlungen buchen
Bearbeitungsobjekt	Gruppierung von Funktionen, welche die gleichen Objekte bearbeiten	Auftrag erfassen Auftrag stornieren Auftrag ausliefern
Geschäftsprozeß	Gruppierung der an einem Prozeß beteiligten Funktionen	Lieferanten auswählen Anfrage erstellen Bestellung schreiben

Abb. 20 Gliederungskriterien für Funktionen

Die Auswahl des Gliederungskriteriums richtet sich nach dem Interessenschwerpunkt der Modellierung. Bei einer Geschäftsprozeßreorganisation ist die Zusammenstellung der Funktionen nach diesem Kriterium sinnvoll; für eine spätere Systementwicklung ist eine verrichtungsorientierte Gliederung zweckmäßig, um erste Anhaltspunkte für die Wiederverwendbarkeit von Funktionsbausteinen zu erhalten. Deshalb können auch unterschiedliche Gliederungen parallel geführt werden.

Diesem Tatbestand wird bei der Entwicklung des Meta-Modells in Abb. 21 Rechnung getragen, indem eine verrichtungs- und eine prozeßorientierte Gliederung gleichzeitig unterstützt werden. Jede Funktion wird dabei nur einmal erfaßt. Deshalb wird die Klasse Allgemeine Funktion AFUNKTION gebildet, die Tätigkeiten unabhängig von Gliederungszusammenhängen beschreibt. Die Funktionen Auftragsannahme oder Verfügbarkeitsprüfung werden somit jeweils nur einmal als Ausprägungen der Klasse AFUNKTION definiert.

Alle Eigenschaften der Funktion, die unabhängig von ihrer Einbettung in Prozeßzusammenhänge sind, werden als Attribute dieser Klasse beschrieben. Entsprechend dem Vorschlag von Olle u. a. könnte zwischen den Namen der eingeführten Elemente und den Elementen selbst unterschieden werden, also zwischen dem Namen der allgemeinen Funktion und der allgemeinen Funktion selbst (*vgl. Olle u. a., Information Systems Life Cycle 1988)*. Hierdurch können Synonyme und Homonyme, die z. B. auch durch Einbeziehung eines mehrsprachigen Konzepts entstehen, leicht behandelt werden. Aus Vereinfachungsgründen wird im folgenden auf diese Erweiterung verzichtet.

Zur Unterscheidung zwischen primär informations- und primär materialtransformierenden Funktionen werden entsprechende Subklassen gebildet.

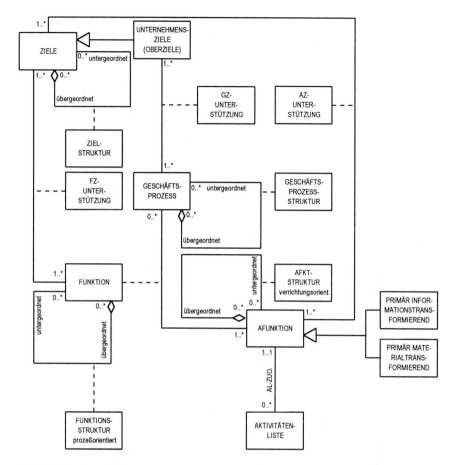

Abb. 21 Meta-Modell Funktions- und Zielstrukturen

Die verrichtungsorientierte Gliederungsstruktur wird durch die Assoziationsklasse AFKT-STRUKTUR (verrichtungsorientiert) dargestellt. Mit den Kardinalitäten *:* wird eine Netzstruktur unterstellt, d. h. eine bestimmte Funktion kann auch in mehrere übergeordnete Funktionen eingehen. Würden Funktionen lediglich nach einer Baumstruktur verwaltet, so würden erhebliche Redundanzen entstehen.

Geschäftsprozesse unterstützen globale Unternehmensziele. Dieser Zusammenhang wird durch die Einführung der Assoziation GZ-UNTERSTÜTZUNG zwischen GESCHÄFTSPROZESS und UNTERNEHMENSZIELE hergestellt. Die Kardinalitäten besitzen die Untergrenze 1. Ein Prozeß, der kein Unternehmensziel unterstützt, ist sinnlos und ebenso ein Unternehmensziel, dem kein Geschäftsprozeß zugeordnet ist. Geschäftsprozesse können in Unter- oder Teilprozesse hierarchisiert werden, wie es die Assoziationsklasse GESCHÄFTSPROZESS-STRUKTUR angibt. Dabei können Teilprozesse in mehrere übergeordnete Prozesse (z. B. Kernprozesse) eingehen.

Den Geschäftsprozessen werden die zu ihnen gehörenden allgemeinen Funktionen über die Assoziationsklasse FUNKTION zugeordnet. Wegen der geschäftsprozeßorientierten Sicht wird der Begriff Funktion also erst durch den Zusammenhang mit einem Geschäftsprozeß definiert. Die Assoziationsklasse FUNKTION kann einmal Attribute der allgemeinen Funktion übernehmen, andererseits können der Assoziationsklasse weitere Attribute in Bezug auf den Prozeßzusammenhang zugeordnet werden. Die Funktionen werden nach dem Prozeßzusammenhang weiter untergliedert. Da eine Funktion innerhalb eines Prozesses mehrfach vorkommen kann, wird auch hier eine Netzstruktur abgebildet.

Funktionen auf der höchsten Hierarchiestufe gehen direkt in Kerngeschäftsprozesse ein und besitzen deswegen keinen übergeordneten Funktionsnachfolger. Elementarfunktionen auf der untersten Funktionsebene werden nicht weiter aufgelöst und besitzen damit keinen untergeordneten Nachfolger. Aus diesem Grunde werden als Untergrenzen der Kardinalitäten jeweils 0 gesetzt.

Auch einzelnen Funktionen werden Ziele zugeordnet.

Die statische Geschäftsprozeßstruktur und die prozeßorientierte Funktionsstruktur können formal sehr ähnlich sein. In Abb. 22a ist der Geschäftsprozeß Produktionsplanung und -steuerung mit einigen Funktionen angegeben.

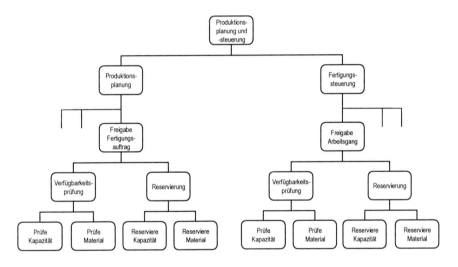

Abb. 22a Geschäftsprozeßorientierte Funktionsstruktur der Produktionsplanung und -steuerung

Sie zeigt eine Baumstruktur. In Abb. 22b ist die durch die (0..*):(0..*)-Kardinalitäten mögliche Netzstruktur angegeben, die keine redundanten Funktionen enthält.

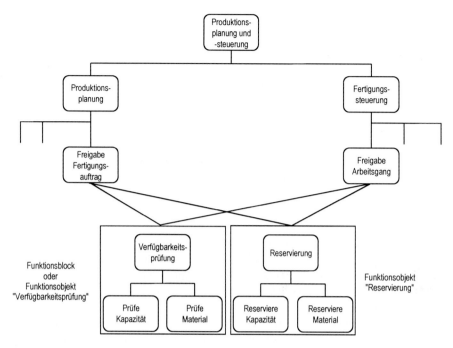

Abb. 22b Redundanzfreie Funktionsdarstellung der Produktionsplanung und -steuerung

Soll eine Funktion, die in mehreren Teilprozessen vorkommt, für sich identifizierbar sein, so kann dieses durch Vergabe von Rollennamen dargestellt werden (vgl. Abb. 23). Eine Funktion wird dann durch ihren Rollennamen, ihren Geschäftsprozeß und ihre grundsätzliche Bedeutung identifiziert. Der Rollenname kann dabei als Stellvertreter für andere Elemente des Geschäftsprozesses stehen, die noch nicht ausformuliert sind. Beispielsweise könnte er in dem Beispiel der Abb. 22 für den Begriff Organisationseinheit stehen, wenn der PPS-Prozeß auf mehrere Organisationseinheiten hierarchisch verteilt ist, indem die mittelfristige Verfügbarkeitsprüfung auf Betriebsebene und die kurzfristige Verfügbarkeitsprüfung auf Bereichsebene durchgeführt wird.

Mit der hier vorgestellten Lösung wird zugelassen, daß jede allgemeine Funktion in einem Prozeßzusammenhang besondere Eigenschaften erhalten kann. Sind dagegen Funktionen so klar definiert, daß sie in jedem Anwendungszusammenhang gleich behandelt werden und auch aus den gleichen Unterfunktionen bestehen, so können diese als generische Bausteine definiert werden. In Abb. 22b könnten die Verfügbarkeitsprüfung und die Reservierung solche Funktionsobjekte sein und sind deshalb mit ihren Unterfunktionen umrandet. Bezüglich des Klassendiagramms der Abb. 21 würde dieses bedeuten, daß die Assoziationsklasse AFKT-STRUKTUR den Baukastenzusammenhang darstellt und eine (1..*):(0..*)-Kardinalität zwischen AFUNKTION und GESCHÄFTSPROZESS besteht, da es nun zulässig ist, daß nicht jede allgemeine Funktion einem Prozeß zugeordnet ist, sondern nur die übergeordnete Baukastenfunktion als Funktionsobjekt.

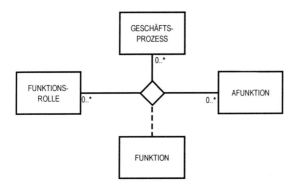

Abb. 23 Vergabe von Rollennamen

In der Meta-Struktur wird der Begriff FUNKTIONSOBJEKT als Spezialisierung der Klasse AFUNKTION dargestellt (vgl. Abb. 24). Eine komplexe Funktionsstruktur kann dann aus Funktionsobjekten zusammengesetzt (montiert) werden. Später wird dieser Sachverhalt durch die Verknüpfung mit den anderen ARIS-Sichten zu Business Objects erweitert.

Die Assoziationsklasse AFKT-STRUKTUR kann neben einer verrichtungsorientierten auch eine prozeß- oder objektorientierte Gliederung abbilden.

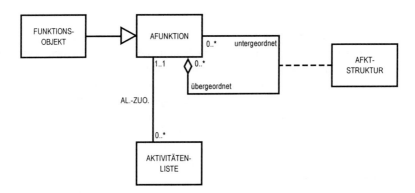

Abb. 24 Meta-Modell Funktionsobjekt

Die Funktionsbeschreibung gibt in der Makrosicht das „Was" an, also die Aufgabe, die von der Funktion erfüllt wird, wie z. B. die Funktion Auftragsbearbeitung. In der Mikrosicht wird das „Wie" beschrieben, d. h. es werden die Regeln angegeben, die zur Funktionserfüllung bearbeitet werden müssen. Dieses wird auch als Aktivitätenliste oder To-Do-Liste bezeichnet. Beispielsweise kann die Funktion Geschäftsreise genehmigen in die Aktivitäten Reiseunterlagen prüfen, Reisegrund feststellen, Reisegrund auf Übereinstimmung mit Vorschriften prüfen, Kosten prüfen, Genehmigungsvermerk erteilen usw. aufgelöst werden.

Diese Schritte werden in einem Arbeitszusammenhang ausgeführt und begründen deshalb keine Funktionsunterteilung, sondern sind Bestandteil einer Funktion. Ihre Dokumentation bildet eine Art Checkliste für die Funktionsbearbeitung. Sie kann in Form von textlichen Angaben oder auch in Struktogrammen oder Entscheidungstabellen abgebildet werden (*vgl. Nüttgens, Koordiniert-dezentrales Informationsmanagement 1995, S. 95*).

In der Meta-Struktur wird die AKTIVITÄTENLISTE als eine eigene Klasse dargestellt, die mit der allgemeinen Funktion verbunden ist.

Ist der interne Ablauf nicht dokumentiert, wie es z. B. bei kreativen Funktionen wie Entscheidung treffen oder Ideen sammeln vorkommt, so liegt eine intern unstrukturierte Funktion vor, die dann auch nicht durch operative DV-Anwendungssysteme, sondern eher durch Groupware-Tools unterstützt werden kann.

A.II.1.1.2 Ablauffolge

Neben der Definition der Funktionsstruktur ist es auch Aufgabe des Fachkonzepts, die Ablauffolge von Funktionen festzulegen. Damit wird bereits der Übergang zu einer Prozeßbeschreibung erreicht. Gegenüber der späteren Prozeßbeschreibungen der Steuerungssicht werden aber die Auslöser einer Funktion, also die Ereignisse, nicht definiert, sondern lediglich die logische Funktionsfolge. Dieses ist dann sinnvoll, wenn die auslösenden Ereignisse bzw. Nachrichten so selbstverständlich sind, daß sie keinen zusätzlichen Informationsgewinn beim Fachkonzept besitzen oder wenn die Funktionsauslöser erst in einem späteren Entwurfsschritt hinzugefügt werden.

Methoden zur Ablaufbeschreibung können den Konzepten der Netzplantechnik entnommen werden. In ihnen werden nicht nur differenzierte Vorgänger- und Nachfolgerbeziehungen dargestellt, sondern auch Abstandsmaße, Überlappungen und Mindestabstände zwischen Vorgängen. Weiterhin können sowohl bezüglich der Eingangs- als auch der Ausgangsseite von Vorgängen logische Verknüpfungen zwischen den ein- bzw. ausgehenden Anordnungsbeziehungen definiert werden.

In Abb. 25 ist ein Ausschnitt aus der Hierarchiebaumdarstellung von Abb. 19a als Ablauf angegeben. Sie bestätigt zunächst, daß aus der Hierarchieabbildung der Ablaufzusammenhang nicht zu entnehmen ist. Nach Abschluß der Kalkulation, für die sowohl die Wertansätze (z. B. Lohnkostensätze) als auch das Mengengerüst des Auftrages erforderlich sind, ist ein Entscheidungsknoten eingezeichnet, der drei alternative Verzweigungen als Ausgänge besitzt: Die Erstellung eines neuen technischen Angebotes, wenn die Kalkulation zu einem unrealistischen Preis geführt hat, die Beendigung des Prozesses aufgrund der Einschätzung, daß eine Auftragsangebotsrevision erfolglos sein wird oder die Erfassung des Auftrages, da der Kunde das Angebot akzeptiert hat. Die Wahrscheinlichkeiten, in denen die verschiedenen Alternativen auftreten, können als Attribute den Kanten zugeordnet werden. Sie müssen sich dabei als sich ausschließende Alternativen zu 1 ergänzen.

Diese Schreibweise ist an das Verfahren GERT (Grafical Evaluation and Review Technique) angelehnt (*vgl. Elmaghraby, Activity networks 1977; vgl. auch Scheer, Projektsteuerung 1978*).

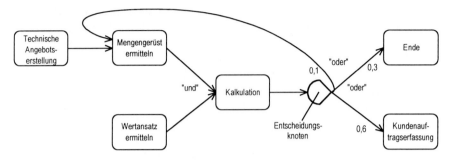

Abb. 25 Ablauffolge von Funktionen

Der eingeführte Entscheidungsknoten könnte ein selbständiges Darstellungselement bilden, kann aber auch als ein üblicher Vorgang mit der Dauer Null Zeiteinheiten interpretiert werden oder als Bestandteil des vorhergehenden Vorgangs angesehen werden.

Die Anordnungsbeziehungen bilden eine neue Assoziation ANORDNUNG innerhalb der Klasse FUNKTION. Jede Anordnungsbeziehung kann durch Angabe des vorhergehenden und des nachfolgenden Funktionsschrittes identifiziert werden. Durch Hinzufügen einer Assoziationsklasse ANORDNUNG in Abb. 26 können als Attribute Abstandsmaße für Überlappungen, Verzögerungen oder Koeffizienten, die Anteilswerte bei Verzweigungen ausdrücken, zugeordnet werden.

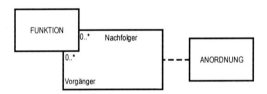

Abb. 26 Berücksichtigung von Anordnungsbeziehungen

Auch logische Abhängigkeiten zwischen den Kanten werden den Anordnungsbeziehungen als Attribute zugeordnet.

Für materialtransformierende Funktionen werden Ablauffolgen von Funktionen in Arbeitsplänen beschrieben. Auch mit dem Begriff Arbeitsplan wird bereits eine Prozeßbeschreibung impliziert, zumal in einem Arbeitsplan auch Elemente der anderen ARIS-Sichten (Organisationseinheiten, Ressourcen, Materialleistungen) enthalten sind. Allerdings ist in einem Arbeitsplan die Ereignissteuerung nicht explizit enthalten, so daß die Dynamik der Prozeßsicht, wie sie später in der Steuerungssicht beschrieben wird, nicht explizit zum Ausdruck kommt.

Arbeitspläne beziehen sich auf die Herstellung von Teilen und können auf unterschiedlichen Aggregationsebenen von Teiledefinitionen erstellt werden. Auf der Typebene werden Arbeitspläne für Teileklassen gebildet. Dazu ist in Abb. 27a ein vereinfachtes Beispiel gegeben. Die Arbeitsgänge bezeichnen die Funktionen und der Arbeitsplan die Zusammenfassung zu einem Prozeß.

Arbeitsplan Blechteile			
Arbeitsgang Nr.	Arbeitsgang-bezeichnung	Dauer (durchschnittlich)	Betriebsmittel-gruppe
1	Bohren	5	BMG 1
2	Fräsen	7	BMG 5
3	Entgraten	4	BMG 4
4	Waschen	2	BMG 7

Abb. 27a Arbeitsplan auf Teiletypebene

Arbeitsgänge entsprechen technischen Verfahren. Technische Verfahren können unabhängig von einem Arbeitsplanzusammenhang beschrieben werden und dann in dem Arbeitsplan- oder Prozeßzusammenhang weiter spezifiziert werden. Das Klassendiagramm entspricht dann der Abb. 27b. Diese ist formal mit der Funktions-Meta-Struktur der Abb. 21 (GESCHÄFTSPROZESS, AFUNKTION, FUNKTION) identisch. Damit können technische Funktionsfolgen in gleicher Weise behandelt werden wie Verwaltungsfunktionen.

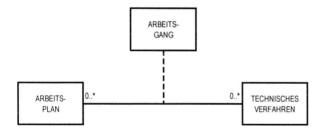

Abb. 27b Klassendiagramm für Arbeitspläne

Die Dokumentation von Arbeitsplänen ist ein klassisches Gebiet der DV-Systeme zur Produktionsplanung und -steuerung (PPS). Dort werden sie auf der Teileebene geführt, also für Instanzen der Teileklassen und füllen umfangreiche Datenbanken.

Auch das Klassendiagramm zur Verwaltung teilebezogener Arbeitspläne entspricht der Abb. 27b (*vgl. Scheer, Wirtschaftsinformatik 1997, S. 216*). Der Prozeßzusammenhang wird durch die Definition des Teilebezugs, der nun die Teilinstanz ist, hergestellt.

Die Verwendung teilebezogener Funktionsbeschreibungen ist im Rahmen der Geschäftsprozeßmodellierung ungewöhnlich und wird höchstens für besonders wichtige Endprodukte durchgeführt.

Die bisher erörterten Arbeitspläne auf Typ- und Instanzenebene haben jeweils Stammcharakter, sind also unabhängig von einem zeitbezogenen Auftragszusammenhang. Die von einem Workflow-System verwalteten Ausprägungen sind aber auftragsbezogen. Für sie stellen deshalb sowohl die typ- als auch die instanzenbezogenen Stamm-Arbeitspläne gleichermaßen Kopierschablonen dar. Auch in einem PPS-System werden Stamm- und auftragsbezogene Arbeitspläne parallel betrachtet.

A.II.1.1.3 Bearbeitungsformen

Zur Charakterisierung, ob eine Funktion vornehmlich DV-unterstützt oder manuell bearbeitet wird, werden SYSTEMFUNKTION und MANUELLE FUNKTION als Spezialisierungen des Begriffs FUNKTION unterschieden (vgl. Abb. 28).

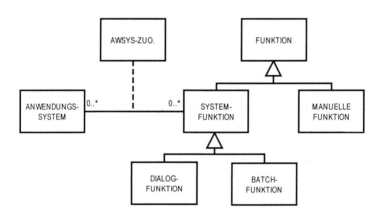

Abb. 28 Spezialisierungen des Begriffs Funktion

Systemfunktionen sind z. B. Anlegen eines Kundenauftrags, Pflege Kundendaten oder Anfertigen der Kundenstatistik, wenn diese mit einem DV-System durchgeführt werden. Der Systemfunktion wird auch das entsprechende ANWENDUNGSSYSTEM, wenn dieses bereits bekannt ist, zugeordnet. Dabei werden lediglich allgemeine Angaben wie z. B. der Name eines Standardsoftware-Systems gemacht, so daß der DV-Konzept-Beschreibung nicht vorgegriffen wird.

Zum Fachkonzept zählt auch die Festlegung der groben Verarbeitungsart für Systemfunktionen. Wesentliches Kriterium für die Verarbeitungsart ist, ob ein Benutzer steuernd in den Ablauf eingreifen kann oder ob eine Funktion ohne Eingriff des Benutzers ausgeführt wird. Im ersten Fall wird dieses als Dialogverarbeitung bezeichnet, im zweiten Fall als Batchverarbeitung (Stapelverarbeitung).

Zur Bewertung, ob eine Funktion dialoggeeignet ist, können unterschiedliche Kriterien herangezogen werden, wie sie in Abb. 29 angegeben sind. Die Klasse SYSTEMFUNKTION wird deshalb weiter in die Subklassen DIALOGFUNKTION und BATCHFUNKTION gegliedert.

Merkmale / Ziele	Ereignis-orientierung (Aktualität)	Funktions-integration (Plausibilität)	Interaktive Entscheidung	Vermeidung Arbeits-spitzen	Handling Verbesse-rungen	Qualitative Verbesse-rungen
Zeiteinsparung	●	●	●	●	●	
Personal-einsparung		●		●	●	
Informations-gewinnung	●		●			●
Arbeits-zufriedenheit	●	●		●	●	●
Vereinfachung der organisa-torischen Abläufe		●	●		●	

Abb. 29 Kriterien und Ziele der Dialogverarbeitung
(nach Scheer, EDV-orientierte Betriebswirtschaftslehre 1990, S. 81)

A.II.1.1.4 Entscheidungsmodelle

Neben der Unterstützung von administrativen und dispositiven Funktionen werden Informationssysteme auch zur Unterstützung der Entscheidungsfindung eingesetzt. Ein Beispiel ist die Anwendung eines Optimierungsansatzes zur Bestimmung des optimalen Produktionsplans im Rahmen der Funktion Produktionsplanung.

Zur Konkretisierung der Ausführungen wird von einem Linear-Programming-Ansatz (LP) als typischem Beispiel der Struktur eines Entscheidungsmodells ausgegangen. In einem LP-Modell werden die Variablen unter Beachtung von Nebenbedingungen so festgelegt, daß eine Zielfunktion maximiert wird (vgl. Abb. 30). Die LP-Formulierung ist ohne Anwendungsbezug dargestellt und befindet sich somit auf der Meta-Ebene der Darstellung von Entscheidungsmodellen. Ein anwendungsbezogenes LP-Modell der Abstraktionsebene 2 zeigt Abb. 31 für das Gebiet der Produktionsplanung *(zu den Abstraktionsebenen der Modellierung vgl. Scheer, ARIS - Vom Geschäftsprozeßmodell zum Anwendungssystem 1998, S. 120-125).*

Zielfunktion:	$\sum_j c_j x_j \to \max$
Nebenbedingungen:	$\sum_j a_{ij} x_j \le A_i$, für alle i $x_j \ge 0$, für alle j
Variablen:	x_j
Koeffizienten:	a_{ij}, c_j

Abb. 30 Struktur eines LP-Modells

$\sum_j c_j x_j \to \max$	$c_j =$ Deckungsbeiträge des Produktes j $x_j =$ Produktionsmenge des Produktes j
$\sum_j a_{ij} x_j \le C_i$ (für alle i)	$a_{ij} =$ Kapazitätsbedarf pro Produkteinheit j an Kapazitätsart i $C_i =$ Kapazitätsgrenze der Kapazitätsart i
$x_j \le M_j$ (für alle j)	$M_j =$ Absatzhöchstgrenze für Produkt j

Abb. 31 LP-Modell zur Produktionsplanung

Die Darstellung des LP-Modells als Klassendiagramm orientiert sich an den Konstrukten des LP-Meta-Modells der Abb. 30. Ein LP-Modell besteht aus den Elementen VARIABLE, GLEICHUNG (in der Form von Nebenbedingungen sowie der Zielfunktion) und KOEFFIZIENT.

Für die einzelnen Entscheidungsmodelle wird die Klasse ENTSCHEIDUNGS-MODELL gebildet (vgl. Abb. 32). In einer FUNKTION (z. B. Produktionsplanung) können mehrere Entscheidungsmodelle eingesetzt werden; umgekehrt kann ein Entscheidungsmodell auch für mehrere unterschiedliche Funktionen eingesetzt werden. Aus diesem Grunde werden die Kardinalitäten jeweils vom Typ (0..*) angesetzt.

Einem Entscheidungsmodell werden mehrere Gleichungen zugeordnet, wobei eine Gleichung auch in unterschiedlichen Modellen vorkommen kann (z. B. eine

Kapazitätsnebenbedingung in einem Modell zur kurzfristigen Produktionsplanung und in einem Modell zur Investitionsplanung). Auch Variablen wie Produktionsmengen, Absatzmengen, Investitionsbeträge können in mehreren Entscheidungsmodellen eingesetzt werden.

Der Zusammenhang zwischen den definierten Variablen (Spalten der LP-Matrix) und Gleichungen (Zeilen der LP-Matrix) wird durch die Koeffizienten hergestellt. Dabei können in einer Spalte (also pro Variable) mehrere Gleichungen durch Koeffizienten belegt sein und umgekehrt in einer Zeile (Gleichung) mehrere Variablen angesprochen werden.

Durch Einsatz von Matrixgeneratoren können sowohl Variablen, Gleichungen als auch Koeffizienten eines Modells aus einer Datenbank generiert werden, indem aus dem dort gespeicherten logischen Zusammenhang alle zulässigen Indexkombinationen einer Variable definiert werden (*vgl. Scheer, Wirtschaftsinformatik 1997, S. 525 f.*). Mit dem Mathematical Programming System-Format (MPS) steht eine standardisierte Beschreibungsform zur Verfügung.

Die in Abb. 32 dargestellte logische Struktur von Entscheidungsmodellen ist die Datenstruktur für eine Modellbank, in der die Anwendungsmodelle abgelegt werden (*vgl. Scheer, EDV-orientierte Betriebswirtschaftslehre 1990, S. 157*).

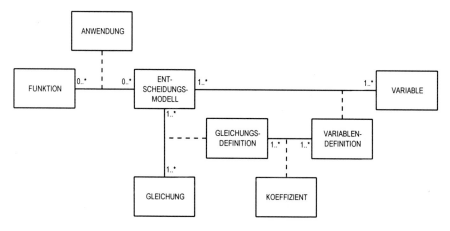

Abb. 32 Logische Struktur von Entscheidungsmodellen

A.II.1.1.5 Zusammenfassung Fachkonzept Funktionssicht

Die entwickelten Meta-Modelle zum Fachkonzept der Funktionen sind in Abb. 33
zusammengefaßt.

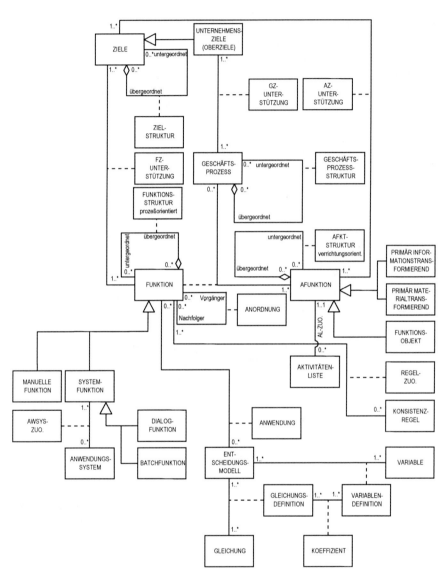

Abb. 33 Meta-Modell Fachkonzept Funktionssicht

A.II.1.2 Funktionskonfiguration

Zur Konfiguration der Prozeßsteuerung, der Workflowsteuerung und der Anwendungssysteme muß speziellen Anforderungen an die Modellierung gefolgt werden, damit die Schnittstellen dieser Systeme bedient werden können. Die Modelle sollen aber weiterhin nur Begriffe der Fachebene beinhalten.

Zunächst werden den Funktionen die zu konfigurierenden Anwendungssystemklassen (z. B. Projektsteuerungssystem, Textverarbeitungssystem, Standardsoftware-System) oder falls bereits näher spezifizierbar, Anwendungssystemtypen (z. B. MS-Project, MS-Word for Windows, SAP R/3) zugeordnet. Weiter kann angegeben werden, ob zu diesem System ein Datenaustausch stattfindet oder nicht (vgl. Abb. 34).

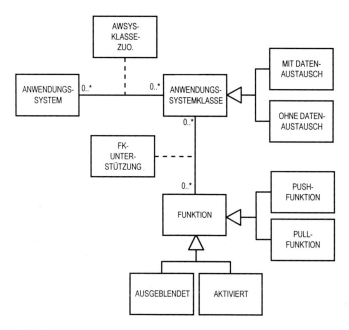

Abb. 34 Anwendungssystemzuordnung

Zur Unterstützung der Geschäftsprozeßsteuerung, z. B. durch eine Prozeßkostenrechnung, sind die Funktionsmodelle und Aktivitätenlisten Grundlage einer Funktionsanalyse, um die Funktionen mit Kostensätzen bewerten zu können. Den Funktionen werden die für die Kostenrechnung benötigten Attribute (Zeiten, Mengen, Kostensätze) zugeordnet.

Die Zeit- und Kapazitätsplanung wird aus den Funktionsmodellen bezüglich der zu betrachtenden Funktionen inhaltlich konfiguriert. Erst durch die Zuordnung der Funktionen wird z. B. ein Projektsteuerungssystem auf den Anwendungsfall eines Fertigungsprojektes oder eines Organisationsprojektes (z. B. Organisation einer Messevorbereitung) eingestellt.

Das entwickelte Meta-Modell der Funktionssicht ist bereits für die Modellierung von Workflow-Anwendungen grundsätzlich geeignet (*vgl. Galler, Vom Geschäftsprozeßmodell zum Workflow-Modell 1997, S. 62*). Besondere Zusätze sind bei der Definition von Funktionsattributen sinnvoll, indem z. B. Fristen wie durchschnittliche Funktionsdauer, durchschnittliche Vorlauf- und Überlappungszeiten angegeben werden.

Bezüglich des Startens einer Funktion können das Pull- und Push-Prinzip unterschieden werden. Beim Pull-Prinzip wird die Funktion vom Bearbeiter aus einem elektronischen Briefkasten mit anstehenden Vorfällen entnommen, beim Push-Prinzip wird ihm die Funktion eines Vorfalls zur Bearbeitung zugeteilt (vgl. Abb. 34).

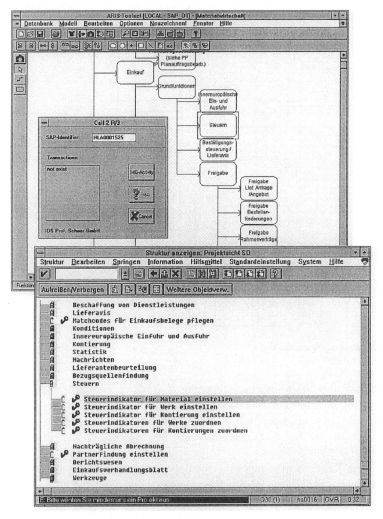

Abb. 35 Redlining R/3 System im ARIS-Toolset
(Quelle: IDS Prof. Scheer GmbH)

Weitere Anforderungen an die Modellierung bei Workflow ergeben sich auf der Instanzenebene. Diese werden zunächst durch Kopieren aus der Fachkonzeptbeschreibung der Funktionen generiert, können dann aber noch bei Ausnahmefällen verändert werden, so daß eine Modellierung der Instanzen erforderlich ist.

Bei der funktionsbezogenen Konfiguration von Standardsoftware besitzt das Aktivieren bzw. Ausblenden von Funktionen aus einem bereits bestehenden Ausgangsmodell eine besondere Bedeutung.

Liegt also ein Funktions-Referenzmodell für ein Standardsoftware-System vor, so wird durch Aktivieren und Ausblenden (Redlining) ein benutzerbezogenes Modell erstellt. Hierzu können Konsistenzregeln definiert werden, die logische Zusammenhänge zwischen Funktionen beachten. Beispielsweise muß mit der Ausblendung der Funktion Konsignationslagerverwaltung auch die Funktion Konsignationsauftrag anlegen gelöscht werden.

Um das gesamte Referenzmodell zu bewahren, können Aktivierung bzw. Ausblendung lediglich durch Markierungen vermerkt werden *(vgl. Scheer, ARIS - Vom Geschäftsprozeß zum Anwendungssystem 1998, Abb. 50)*. Abb. 35 zeigt ein Beispiel des Redlining mit Hilfe des ARIS-Toolset für einen Ausschnitt des SAP R/3 Referenzmodells. Aus dem Funktionsmodell (oberes Fenster) kann direkt in die Projektstruktur für das Customizing von SAP R/3 (unteres Fenster) verzweigt werden. Auf einer feineren Ebene der Funktionsbetrachtung können die auszuwählenden und einzustellenden Parameter ebenfalls fachkonzeptnah festgelegt werden. Hierzu sieht der Business Engineer des SAP R/3-Systems einen Frage-Antwort-Dialog mit direktem Zugang zum Customizing-System IMG vor.

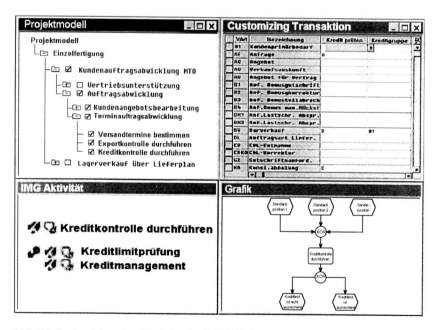

Abb. 36 Customizing einer Funktion im SAP R/3-System

Abb. 36 zeigt einen Ausschnitt des Business Engineer-Prototyps der SAP AG. In dem Projektmodell ist der Funktionsbaum des Anwendungsfalls dargestellt. Durch Einfügen der Haken können Funktionen aktiviert bzw. deaktiviert werden. Von einer Funktion (hier: Kreditkontrolle durchführen) wird direkt auf die einzustellenden Unterfunktionen des Customizing verwiesen (linkes unteres Fenster), von denen aus die konkret einzustellenden Parameter erreicht werden (rechtes oberes Fenster). Die Einbettung der Funktion in den Prozeßzusammenhang gibt das rechte untere Fenster an.

A.II.1.3 DV-Konzept der Funktionssicht

Das DV-Konzept für Funktionen kann in verschiedenen Top-Down-Abstufungen entworfen werden. Es wird auch als **Software-Entwurf** bezeichnet, da die Funktionen später in Programmstrukturen realisiert werden. Auch der Begriff Programmieren im Großen ist üblich, während die spätere Implementierung in einer Programmiersprache als Programmieren im Kleinen bezeichnet wird (*vgl. Balzert, Lehrbuch der Software-Technik 1996, S. 632, 927*). Wesentliche Entwurfsschritte sind die Konstruktion der Modulstruktur, die Formulierung eines detaillierten Entwurfs für die Modulinhalte und der Ergebnisausgabe.

Da Funktionen Eingabedaten zu Ausgabedaten transformieren, ist die Verbindung zur Datensicht besonders eng. Gleichzeitig werden im Rahmen des DV-Konzepts auch Restriktionen der Informationstechnik berücksichtigt. Diese Verbindungen werden durch Verfolgung des Abstraktionsprinzips gemildert, so daß das Funktionskonzept ohne Kenntnis des Datenmodells oder einer konkreten Hardware-Architektur erstellt werden kann. Dieses bedeutet, daß lediglich generelle Eigenschaften der angrenzenden Architekturbausteine betrachtet werden, nicht aber ihre konkreten Ausprägungen. Dieses wird z. B. durch die Datenabstraktion erreicht, bei der lediglich der Datentyp festgelegt wird, nicht aber seine physische Implementierung. Beispielsweise kann zur Schnittstellenbeschreibung von Funktionen das Datenelement Kundennummer als Integer-Typ angegeben werden, ohne aber den Träger dieses Datenelements, also z. B. den Entitytyp KUNDE, Relationenname, Satztyp oder sogar Satzadresse und Feldbezeichnung zu nennen. Das gleiche gilt für Hardware-Komponenten, indem z. B. bei der funktionalen Beschreibung von Bildschirmmasken ein virtuelles Terminal mit grundlegenden Eigenschaften definiert wird, ohne auf eine spezielle Geräteklasse Bezug zu nehmen.

A.II.1.3.1 Modulentwurf

Ein zentrales Element des Software-Entwurfs ist der Modul. Er bezeichnet einen selbständigen Funktionsbaustein mit definiertem Ein- und Ausgang. Ein Modul besteht aus Datendeklaration, Steuerungslogik und Anweisungen. Mit der Modulbildung wird das Prinzip der Lokalität und der Mehrfachverwendung unterstützt, da Module für unterschiedliche Anwendungsfunktionen eingesetzt werden können. Durch die Definition der Ein- und Ausgänge, die dem Benutzer primär zur Verfügung gestellt werden, wird dem Prinzip Information Hiding gefolgt. Es wird beschrieben, **was** ein Modul bewirkt, nicht aber das **Wie**.

Module sollen so entworfen werden, daß ihre Intraaktion hoch, die Interaktion zwischen Modulen aber gering ist (Prinzip der schmalen Datenkopplung). Der Entwurf von Modulen kann sowohl top-down als auch bottom-up geschehen. Beim Top-Down-Entwurf wird der Entwurf auf der höchsten Ebene begonnen und anschließend solange verfeinert, bis Basismodule gebildet werden, die durch die zugrunde liegenden Konstrukte der Basis-Software realisiert werden können.

Beim Bottom-Up-Entwurf werden dagegen zunächst Module auf der niedrigsten Ebene entworfen und zu nächsthöheren Modulen zusammengefaßt. Der Bottom-Up-Entwurf eignet sich vor allen Dingen bei Vorlage eines bereits gefüllten Modularchivs, aus dem die Basismodule entnommen werden und zu größeren Einheiten zusammengestellt werden können (*vgl. Balzert, Lehrbuch der Software-Technik 1996, S. 853 f.*).

Für Module wird auch der Begriff Prozedur verwendet; Module auf einer oberen Ebene werden auch als Programme bezeichnet. Die Begriffshierarchie ist vielschichtig. Abb. 37 zeigt ein Beispiel einer ausgefeilten Begriffshierarchie.

•	Anwendungssystemklasse	z.B. Textverarbeitungssystem
•	Anwendungssystemtyp	z.B. MS-Word für Windows 6.0
•	Anwendungssystem	z.B. MS-Word für Windows 6.0 auf PC Nr. 3417a
•	Modulklasse	z.B. Komponente zur Rechtschreibprüfung
•	Modultyp	z.B. Rechtschreibprüfung in MS-Word für Windows 6.0
•	Modul	z.B. Rechtschreibprüfung in MS-Word für Windows 6.0 auf PC Nr. 3417a

Abb. 37 Modul-Begriffshierarchie

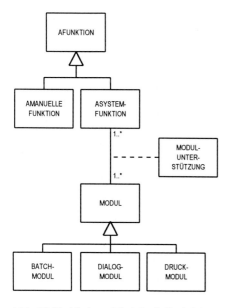

Abb. 38 Verbindung Modul mit Funktion

Bei den Entwurfsrichtungen kann der Ebene des Fachkonzepts gefolgt werden, da auch hier sowohl ein Bottom-Up- als auch ein Top-Down-Vorgehen möglich sind. Die dort entwickelte Funktionshierarchie bildet deshalb auch den Ausgang für die Modulbildung. In Abb. 38 wird die Klasse AFUNKTION als Ausgang gewählt. Als allgemeine Funktion wurde eine noch vom Kontext eines speziellen Geschäftsprozesses unabhängige Funktionsbeschreibung bezeichnet. Damit wird auch das durch die Modulbildung zu unterstützende Prinzip der Mehrfachverwendung bereits betont.

Da Module lediglich für DV-unterstützte Funktionen gebildet werden, wird eine Assoziation zu der spezialisierten Klasse ASYSTEMFUNKTION hergestellt. Die eingesetzte *:*-Assoziation mit jeweils der Untergrenze 1 bedeutet, daß ein Modul auf Grund der Mehrfachverwendung in unterschiedlichen Systemfunktionen eingesetzt und eine Systemfunktion durch unterschiedliche Module unterstützt werden kann. Die *:*-Assoziation zwischen Systemfunktion und Modul zeigt gleichzeitig auch, daß eine gewisse Unabhängigkeit zwischen Fach- und DV-Entwurf besteht.

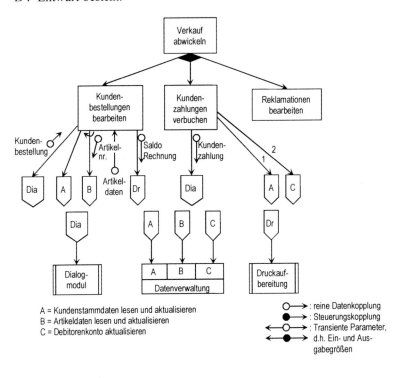

Abb. 39 Moduldarstellung durch Strukturdiagramme
(nach Balzert, Entwicklung von Software-Systemen 1982, S. 356)

Ein Modul kann in Untertypen spezialisiert werden. Module können durch Aufrufassoziationen netzartig miteinander verknüpft sein. Ein Strukturdiagramm zeigt Abb. 39. Die Module werden durch Kästchen dargestellt. Bestehende Module, auf die bereits zugegriffen werden kann, werden mit seitlichen Doppelstrichen gekennzeichnet.

Die grafische Darstellungsweise mit Hilfe von Strukturdiagrammen geht insbesondere auf Arbeiten von Constantine und Yourdon des Composite/Structured Design zurück *(Constantine/Yourdon, Structured Design 1979; zum strukturierten Entwurf vgl. Page-Jones, Practical Guide to Structered System Design 1980; Balzert, Lehrbuch der Software-Technik 1996, S. 801-862; Sommerville, Software Engineering 1987, S. 75-103)*. Konnektoren (hier für Dia) kürzen die Darstellungsweise ab. Die Kommunikation zwischen Modulen wird durch Pfeile mit Angabe der zu übertragenden Daten gekennzeichnet. Der in der Abbildung angegebene Pfeil bezeichnet eine reine Datenkopplung. Darüber hinaus sind auch Steuerungskopplungen und transiente Parameter (Parameter, die sowohl Eingabe- als auch Ausgabecharakter haben) möglich. Bei umfangreichen Datenbeziehungen können diese numeriert und in eine Tabelle ausgelagert werden.

Die Konnektoren A, B, C sprechen Zugriffsoperationen der Datenverwaltung an und bilden eine Datenabstraktion, d. h. kennzeichnen Daten mit den auf sie definierten Operationen. Die unter dem Modul Verkauf abwickeln schwarz gezeichnete Raute kennzeichnet die Kontrollstruktur der Auswahl.

Die Hierarchie zwischen Modulen wird durch die Aufrufrichtung hergestellt. Der hierarchisch höhere Modul ruft jeweils den untergeordneten Modul auf. Die Aufrufrichtung wird durch Pfeilverbindung zwischen den Modulen ausgedrückt.

Die Modulhierarchie muß nach einem einheitlichen Kriterium gebildet werden. Dieses kann beispielsweise „die Relation ruft auf" oder „hat als Bestandteil" sein.

Bei einer Aufrufhierarchie erledigt ein Modul einen Teil der Aufgabe durch seinen eigenen Programmcode, den Rest durch Aufruf von Funktionen anderer Module *(vgl. Lockemann/Dittrich, Architektur von Datenbanksystemen 1987, S. 102)*.

Bei einer Bestandteilshierarchie werden lediglich die Blätter der Hierarchiemodule durch Anweisungen ausgefüllt. Damit sind aus einer Bestandteilshierarchie die Aufrufabhängigkeiten nicht ohne weiteres ersichtlich. Zu den einzelnen Schritten einer Modulzerlegung vgl. *Lockemann/Dittrich, Architektur von Datenbanksystemen 1987, S. 103.*

Eine Modulklassifizierung durch Einteilung in Datenmanipulations-, Verarbeitungs- oder Dialogmodule wird in Abb. 40 durch eine 1:*-Assoziation zwischen den Klassen MODUL und MODULTYP hergestellt.

Die zwischen Modulen bestehenden Beziehungen werden durch die Assoziation KOMMUNIKATION gekennzeichnet. Die Klasse KOMMUNIKATIONSTYP bezeichnet die Art der Kopplung, z. B. reine Datenkopplung oder Steuerungskopplung. Die ausgetauschten Daten selbst werden als Attribut Datenbezeichnung angegeben. Darf jede Kommunikationsbeziehung lediglich ein Datum transportieren, so können für Kommunikationsbündel Positionsnummern vergeben werden. Dazu wird formal die Assoziationsklasse mit der Klasse POSITION verbunden.

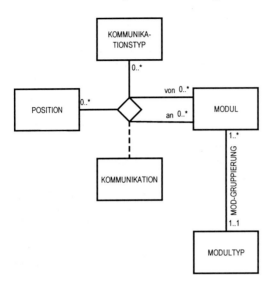

Abb. 40 Modulklassifizierung

Obwohl mit der Darstellung von Strukturdiagrammen lediglich eine Methode des Systementwurfs vorgestellt wurde, ist die daraus entwickelte Klassenstruktur so allgemein, daß auch andere Methoden in dieser Logik abgebildet werden können *(vgl. zu weiteren Spezifikationssprachen z. B. Sommerville, Software Engineering 1987, S. 77 ff., S. 106)*.

Parallel zum Begriff Modul wird auch der Begriff Programm verwendet. Allgemein ist ein Programm eine zur Lösung einer Aufgabe vollständige Anweisung mit allen erforderlichen Vereinbarungen *(vgl. Stetter, Softwaretechnologie 1987, S. 12-16)*. Wenn ein Programm aus miteinander kommunizierenden Programmteilen (Unterprogrammen) besteht, bildet es eine Programm- oder Anwendungssystemklasse. Erfüllen die Programmteile die Anforderungen an Module, so werden sie als modular bezeichnet.

Die Feinheit des Modulentwurfs hängt von der Verarbeitungsform ab. Wird eine Dialogverarbeitung angestrebt, so werden Transaktionen gebildet. Diese bilden einen zusammenhängenden Bearbeitungsschritt eines Anwenders. Je nach dem Feinheitsgrad des Fachentwurfs kann eine Transaktion der niedrigsten Hierarchiestufe der fachlichen Gliederung (Elementarfunktion) entsprechen.

Die Feinheit der Untergliederung des DV-Konzepts hängt auch von den später einzusetzenden konkreten DV-Systemen ab: Einige Transaktionsmanager können besser viele kleine Transaktionen verarbeiten, andere besser wenige mächtige *(vgl. Olle u. a., Information Systems Methodologies 1991, S. 256)*. Diese Einflüsse der Informationstechnik sollten aber nur in globaler Form beim DV-Konzept berücksichtigt werden.

A.II.1.3.2 Minispezifikation

Der Inhalt eines Moduls wird im Rahmen des DV-Entwurfs durch Minispezifikationen in einer halbformalen Form beschrieben. Übliche Methoden sind Pseudocode und Struktogramme. Der Beschreibungsgegenstand sind sowohl Kontrollstrukturen, die den Ablauf eines Algorithmus steuern, als auch die ausführenden Anweisungen. Als Kontrollstrukturen werden dabei Sequenz, Auswahl und Wiederholung verwendet. In Abb. 41 sind diese in einfacher Form jeweils durch Struktogramme und Pseudocode dargestellt.

Die Anweisungen bestehen aus Prozedur- bzw. Modulaufrufen und arithmetischen Operationen. Diese Operationen werden auf der Ebene von Datenelementen durchgeführt. In einem Modul können je nach Komplexität die Kontrollstrukturen ineinander verschachtelt werden. Die ausführlichste Beschreibung wird bei den Blättern eines Modulnetzes gegeben, während auf den höheren Ebenen die Modulinhalte im wesentlichen aus Kontrollstrukturen und Aufrufanweisungen bestehen.

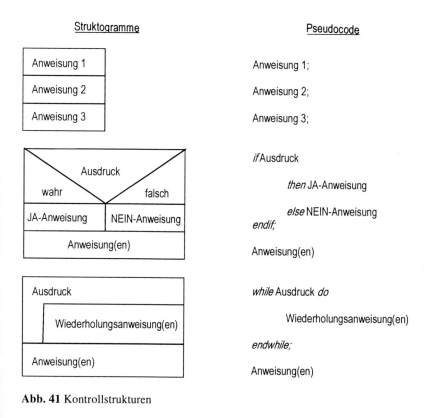

Abb. 41 Kontrollstrukturen

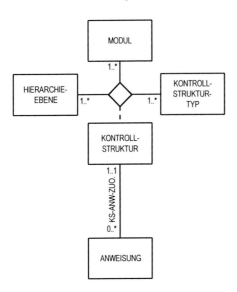

Abb. 42 Meta-Modell der Kontrollstruktur

In Abb. 42 ist die Identifizierung einer Kontrollstruktur durch Kombination der Klassen KONTROLLSTRUKTURTYP, HIERARCHIEEBENE und MODUL dargestellt. Dabei umklammert die Kontrollstruktur den gesamten Block von Anweisungen. Ein Modul umfaßt mehrere Kontrollstrukturen, die unterschiedlichen Hierarchiestufen zugeteilt sind. Die zu einer Kontrollstruktur gehörenden Anweisungen werden in Form einer 1:*-Assoziation dargestellt.

A.II.1.3.3 Ausgabepräsentation

Die Ein- und Ausgabevorschriften werden im Aufbau von Bildschirmmasken und Listen festgelegt. In Abb. 43 und Abb. 44 sind dazu Beispiele angegeben.

Bildschirmmasken können sowohl zur Ein- als auch zur Ausgabe genutzt werden. Ein Maskentyp kann dabei von mehreren Modulen zur Aus- bzw. Eingabe genutzt werden. Deshalb ist in dem Klassendiagramm der Abb. 45 eine (0..*)-Kardinalität sowohl für die Eingabe- als auch für die Ausgabefunktion angegeben. Da ein Maskentyp in mehreren Landessprachen vorgehalten werden kann, ergibt sich eine spezifische Maske durch Kombination von LANDESSPRACHE und MASKENTYP. Eine MASKE kann in eine bestehende Maske mittels der Fenstertechnik eingeblendet werden.

Masken können als Sichten auf das Datenmodell interpretiert werden. Darauf wird bei der Diskussion des Zusammenhangs zwischen Daten- und Funktionssicht weiter eingegangen. Gleichzeitig werden bei der Behandlung des Zusammenhangs zwischen Funktions- und Organisationssicht Masken und Listen mit den Empfängern oder Eingabeberechtigten verbunden.

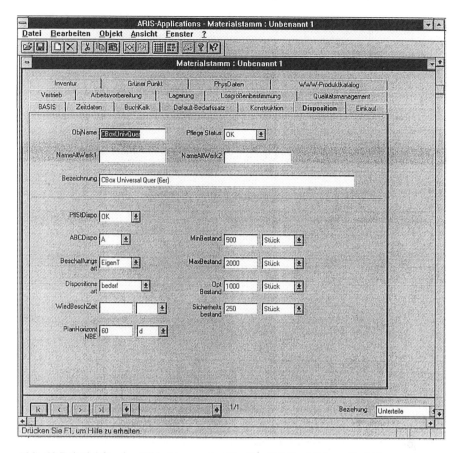

Abb. 43 Beispiel für eine Bildschirmmaske *(Quelle: IDS Prof. Scheer GmbH)*

	Werkstattauftrag		Datum: 01.02.98		
CIM-TTZ	Nr.03		Zeit: 16:35		
Auftrag	Teil	Bezeichnung	Menge	Start	Ende
U03100	03434	Quarzuhr	10	01.02.	10.02.

Arbeitsgänge	Anlagen-ID	Beschreibung	Bearbeitungs-zeit	Rüst-zeit
10	Bohr01	Bohren	15min	3min
20	Fräs03	Fräsen	25min	5min
30	Mon02	Montage	5min	1min
40	Qual04			

Abb. 44 Beispiel für eine Liste

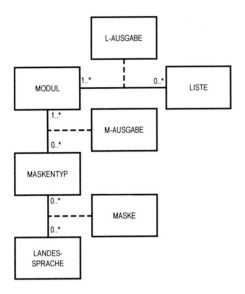

Abb. 45 Masken und Listen

A.II.1.4 Implementierung der Funktionssicht

Aufgrund der Modulspezifikationen wird im Rahmen der Implementierung das konkrete ausführbare Programm entwickelt. Dieses wird in einer Programmiersprache (z. B. C, C++, Java, ABAP4, Cobol) erstellt. Falls die Ausgangsspezifikationen bereits in so detaillierter Form vorliegen, daß sie durch einen Generator in Programmcode umgesetzt werden können, so ergibt sich das entstehende QUELLCODE-MODUL als Assoziation zwischen der Modulbeschreibung des DV-Konzepts, der Programmiersprache und dem eingesetzten Umsetzungswerkzeug (vgl. Abb. 46). Wird die Programmierung dagegen ausschließlich von Programmierern vorgenommen, so fehlt der Hinweis auf das eingesetzte Werkzeug.

Die Module des Quellcode können in eine Programmbibliothek innerhalb des Repositories eingestellt werden. In der PROGRAMMBIBLIOTHEK sind alle bestehenden Programme bzw. Module verzeichnet. Ihr Einsatz erhöht entscheidend die Wiederverwendung von Modulen. Programmbibliotheken können auch bereits auf der Ebene des DV-Konzepts für Modulspezifikationen eingesetzt werden; deshalb ist in Abb. 46 auch die Beziehung zu dem Modulbegriff des DV-Konzepts eingetragen.

Ein Quellcode-Modul wird mit Hilfe eines COMPILER oder eines INTERPRETER in das OBJEKTCODE-MODUL übersetzt. Pro PROGRAMMIER-SPRACHE können dabei mehrere Compiler oder Interpreter, z. B. für unterschiedliche Hardware-Systeme, bestehen. Entsprechend können aus einem Quellcode-Modul unterschiedliche Objektcode-Module abgeleitet werden.

Zur Abwicklung einer vollständigen Aufgabe sind i. allg. mehrere Module erforderlich, die zu einem Programm zusammengestellt werden. Das Klassendiagramm der Abb. 46 ist damit die Repository-Struktur zur Speicherung der physischen Programme.

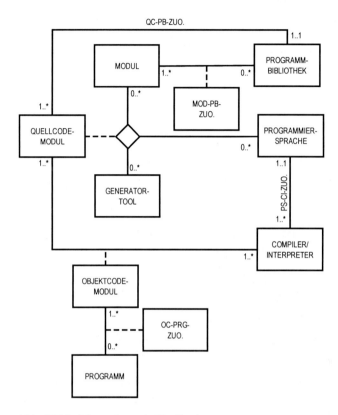

Abb. 46 Modulumsetzung in Quellcode

A.II.2 Modellierung der Organisationssicht

Die Einordnung der Phasen der Organisationssicht in das ARIS-Konzept zeigt Abb. 47. Die bereits behandelte Funktionssicht ist dunkelgrau hinterlegt. Aus der fachlichen Beschreibung der Aufbauorganisation werden beim DV-Konzept die Netzwerktopologie abgeleitet und bei der Implementierung konkrete Kommunikationsprotokolle festgelegt.

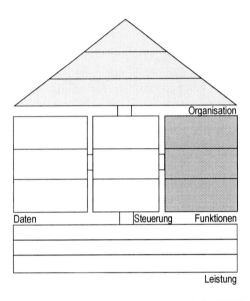

Abb. 47 Einordnung Organisationssicht in ARIS

A.II.2.1 Fachkonzept der Organisationssicht

Die fachliche Organisationssicht beschreibt die Aufbauorganisation, also die Organisationseinheiten mit den zwischen ihnen bestehenden Kommunikations- und Weisungsbeziehungen. Weiter wird mit dem Rollenkonzept das Anforderungsprofil einer Organisationseinheit definiert, das insbesondere von Workflow-Anwendungen gefordert wird.

Bei Standardsoftware ist das aufbauorganisatorische Organisationsmodell häufig nicht so klar definiert wie Daten, Funktionen und Prozesse. Es versteckt sich dann z. B. hinter Begriffen wie Verkaufsgruppe, Buchungskreis oder Werk, für die spezielle Zuständigkeiten in den Programmen fest vorgegeben sind. In der praktischen Einführung eines Standardsoftware-Systems ist aber der Abgleich der Organisationsstrukturen besonders wichtig.

A.II.2.1.1 Organisationsstruktur (Aufbauorganisation)

Die Definition der Aufbauorganisation einer Unternehmung dient dazu, die Komplexität der Beschreibung der Unternehmung zu verringern. Dazu werden gleichartige Aufgabenkomplexe zu Organisationseinheiten zusammengefaßt. In den Abb. 48a-c sind drei Beispiele für Organigramme angegeben. Abb. 48a und 48b sind Beispiele der Typebene. Abb. 48a enthält generalisierte Begriffe, während Abb. 48b daraus spezialisierte anwendungsbezogene Definitionen beschreibt. Abb. 48c gibt Ausprägungen konkreter Organisationseinheiten an.

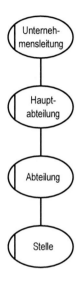

Abb. 48a Organigramm: Generalisierte Typebene

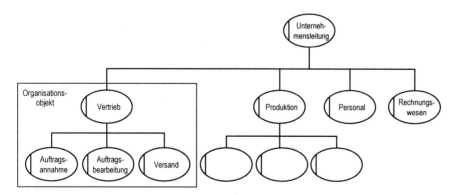

Abb. 48b Organigramm: Typebene

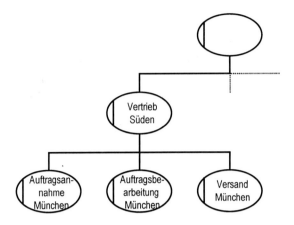

Abb. 48c Organigramm: Ausprägungsebene

Zur fachlichen Modellierung von Geschäftsprozessen werden in der Regel Begriffe der Typbeschreibung verwendet, also z. B. Vertriebsabteilung, Gruppe Auftragsbearbeitung usw. Soll aber ein Geschäftsablauf auf eine konkrete Organisationseinheit ausgerichtet werden, dann können auch Instanzen modelliert werden, also z. B. der Ablauf für das konkrete Werk Hamburg oder Werk München.

Organisationseinheiten können, ähnlich wie Funktionen, nach verrichtungs-, objekt- oder prozeßorientierten Kriterien gebildet werden. Abb. 48b zeigt eine nach dem Verrichtungsprinzip gebildete Aufbauorganisation.

Ein Beispiel für eine prozeßorientierte Sicht gibt Abb. 49. In ihr sind die Organisationseinheiten in dem Geschäftsprozeßzusammenhang der Logistikkette vom Kunden bis zum Fertigungsprozeß erfaßt. Der inhaltliche Zusammenhang zwischen den Organisationseinheiten wird durch die Vorgänger-Nachfolger-Beziehung in einem Geschäftsprozeß charakterisiert.

Während Organigramme i. d. R. Baumstrukturen besitzen, treten hier Netzzusammenhänge auf, da z. B. eine Niederlassung für mehrere Produktbereiche zuständig sein kann und ein Produktbereich mit mehreren Niederlassungen zusammenarbeitet. Zur prozeßorientierten Aufbauorganisation bei Dienstleistern vgl. z. B. *Bullinger, Prozeßorientierte Strukturen 1994.*

Die zu modellierenden Organisationseinheiten bilden auf der Meta-Ebene der Abb. 50 die Klasse ORGANISATIONSEINHEIT. Ausprägungen sind in der Regel Begriffe der Typebene, aber auch Instanzen sind zugelassen.

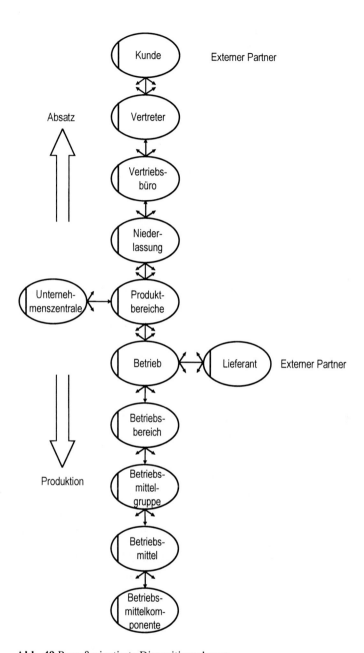

Abb. 49 Prozeßorientierte Dispositionsebenen

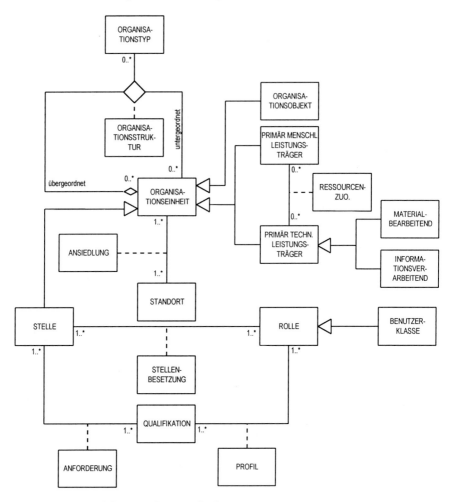

Abb. 50 Meta-Modell der Aufbauorganisation

Neben menschlichen Arbeitsleistungen können auch maschinelle Arbeitsleistungen strukturiert und zu Organisationseinheiten wie Maschinengruppe, Bearbeitungszentrum, Lagersystem oder Flexibles Fertigungssystem bzw. Rechenzentrum, Workstation oder PC-Netz bei DV-Ressourcen erfaßt werden. Damit enthält die Organisationssicht sowohl die Strukturierung menschlicher als auch sachlicher Ressourcen. In dem Meta-Modell wird dieses durch die Subklassen PRIMÄR MENSCHLICHE LEISTUNGTRÄGER und PRIMÄR TECHNISCHE LEISTUNGTRÄGER ausgedrückt, wobei die letztere noch nach MATERIALBEARBEITEND und INFORMATIONSVERARBEITEND (Computer) unterschieden ist. Da Organisationseinheiten nach menschlichen und technischen Leistungsträgern parallel gebildet werden können, werden durch die Assoziation RESSOURCENZUORDNUNG mit angehängter Assoziationsklasse auch diese

Zusammenhänge dargestellt, also z. B. die Zuordnungsmöglichkeit eines Fertigungssystems zu einem Werk oder eines Computersystems zu einer Vertriebsabteilung.

Auch externe Partner der Unternehmung wie Kunden, Lieferanten oder Behörden sind Ausprägungen der Klasse ORGANISATIONSEINHEIT.

Die geographische Verteilung von Organisationseinheiten wird durch die Assoziation ANSIEDLUNG zwischen der Klasse STANDORT und der Klasse ORGANISATIONSEINHEIT hergestellt.

Kleinste Einheit einer Organisationsstruktur ist die Stelle. Sie wird i. d. R. so gebildet, daß ihr Funktionsumfang von einem Mitarbeiter bewältigt werden kann. Die Klasse STELLE enthält dann die einzelnen Stellen als Instanzen.

Die Zuordnung von Stellen zu größeren Einheiten kann nach dem Kriterium der fachlichen oder disziplinarischen Leitungsbefugnis gebildet werden. Für diese Kriterien wird die Klasse ORGANISATIONSTYP eingeführt. Neben der fachlichen und disziplinarischen Unterscheidung können auch Beziehungen zur Regelung von Vertretungszuständigkeiten zwischen Stellen sowie eine prozeßorientierte Sicht erfaßt werden. Die Strukturbeziehungen zwischen Organisationseinheiten werden durch die Klasse ORGANISATIONSSTRUKTUR erfaßt.

A.II.2.1.2 Rollenkonzept

Auf der fachlichen Ebene einer Prozeßkettenmodellierung werden neben den Organisationseinheiten auch Mitarbeitertypen wie Verkaufssachbearbeiter, Kostenrechner, Maschinenbediener oder Einkäufer beschrieben. Konkrete Mitarbeiter werden dagegen nur in Ausnahmefällen einer Funktion zugeordnet, da sonst bei Veränderungen mit Versetzung oder Kündigung das Fachkonzept geändert werden müßte. Der Begriff Rolle bezeichnet einen bestimmten Mitarbeitertyp mit einer definierten Qualifikation und Kompetenz (*vgl. Galler, Vom Geschäftsprozeßmodell zum Workflow-Modell 1997, S. 52-58; Rupietta, Organisationsmodellierung 1992; Esswein, Rollenmodell der Organisation 1992*).

Die Qualifikationskriterien werden in der Klasse QUALIFIKATION erfaßt und über die Assoziationsklasse PROFIL der ROLLE zugeordnet (vgl. Abb. 50). Die Rolle Vertriebsingenieur enthält z. B. die Qualifikationen Studium Wirtschaftsingenieurwesen und Praxiserfahrungen im Vertrieb. Aus Sicht der Stelle können Anforderungen an Qualifikationen definiert werden. Nach dem Kriterium einer guten Übereinstimmung können dann den Stellen bestimmte Rollen zugeordnet werden.

Bei der Rollendefinition können für die Gestaltung und Nutzung eines DV-gestützten Informationssystems auch Benutzerklassen unterschieden werden. Diese können später für die Definition von Zugriffsrechten auf Daten und Funktionen benötigt werden. Entsprechend den Kenntnissen und den Häufigkeiten, mit denen Benutzer DV-Systeme nutzen, wird zwischen

- gelegentlichen Nutzern,
- intensiven Nutzern,
- Experten

unterschieden (*vgl. Martin, Application Development 1982, S. 102-106; Davis/ Olson, Management Information Systems 1984, S. 503-533*). Zur Charakterisierung derartiger Benutzerklassen wird die spezialisierte Assoziation BENUTZER-KLASSE eingeführt.

Das Meta-Organisationsmodell besitzt Ähnlichkeiten mit der Datenstruktur eines Personalsystems auf der Anwendungsebene (*vgl. Scheer, Wirtschaftsinformatik 1997, S. 491*). Es ist aber darauf hinzuweisen, daß bei einem Personalsystem der Mitarbeiter im Zentrum steht, auf den sich auch die Beschreibungen von Fähigkeiten ausrichten, während mit dem Rollenkonzept lediglich Mitarbeitertypen, also eine Klassifizierung, beschrieben wird. Die in einem Personalsystem zu beschreibenden Tatbestände sind zudem wesentlich differenzierter.

A.II.2.2 Organisationskonfiguration

Zur Konfiguration der Geschäftsprozeßsteuerung liefern Organisationsmodelle die Kostenstellendefinitionen im Rahmen einer Prozeßkostenrechnung. Durch die festgelegten Organisationseinheiten in Form von Abteilungen, Arbeitsgruppen, Betriebsbereiche usw. wird ein neutrales Kapazitätssteuerungssystem (z. B. MS-Project) auf einen speziellen Anwendungsfall konfiguriert.

Für die fachliche Build-Time-Modellierung eines Workflow-Systems ist die entwickelte Meta-Struktur ausreichend. Wichtig ist vor allem die Rollendefinition, da jeder Funktion zu ihrer Bearbeitung eine Rolle zugeordnet werden muß, die zur Run Time mit einem konkreten Mitarbeiter, der dieser Rolle entspricht, besetzt wird. Weiterhin sind Vertretungsdefinitionen wesentlich. Gelegentlich kann es sinnvoll sein, bei der Build Time bereits Instanzen von Organisationseinheiten, z. B. anstatt Rollen konkrete Mitarbeiter, einzusetzen.

In Standardsoftware werden Organisationsbegriffe je nach Anwendungszusammenhang und Einfluß auf Software-Abläufe mehr und weniger genau dokumentiert.

Durch das Organisationsmodell werden aber bei Standardsoftware so wichtige Parameter wie Mandanten, Buchungskreise und Werke definiert. Gleichzeitig wird die Basis für die spätere Zuordnung von Funktionen und Daten auf Organisationseinheiten gelegt, also der Verteilungsgrad des Anwendungssystems bestimmt.

Für die Personalabrechnung definiert das Organisationsmodell die Basis für alle Planungs- und Abrechnungsfunktionen. Für das Rechnungswesen liefert es die Kostenstellenstruktur und Buchungskreise.

A.II.2.3 DV-Konzept der Organisationssicht

Im Rahmen des Fachkonzepts der Organisationssicht wurden die Organisationseinheiten eines Unternehmens einschließlich ihrer Beziehungen zueinander festgelegt. Das DV-Konzept setzt das fachliche Organisationsmodell in die Topologie des Informations- und Kommunikationssystems um. Im einzelnen werden dazu die Netztopologie einschließlich grober Kapazitätsanforderungen, die Art des Benutzerzugangs zu einzelnen Knoten und die dabei zur Verfügung zu stellenden Komponentenarten festgelegt.

A.II.2.3.1 Netztopologie

Abb. 51 zeigt eine typische Netzkonfiguration eines Industriebetriebes. In ihr sind verschiedene Netztopologien wie Sternnetz, Ringnetz und Bus enthalten (vgl. dazu Abb. 52).

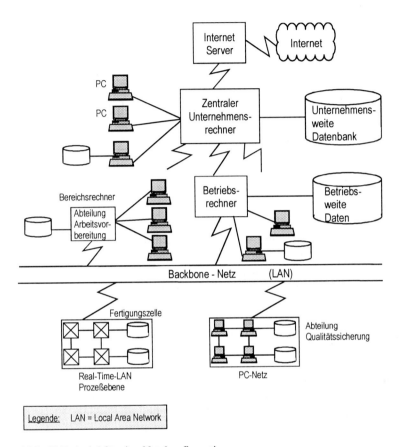

Abb. 51 Beispiel für eine Netzkonfiguration

Neben der Topologie eines Netzes, in der bestimmte Eigenschaften bezüglich der Ausfallsicherheit des Netzes, Geschwindigkeit und Zugang zum Netz zum Ausdruck kommen (*vgl. Hutchinson/Mariani, Local Area Networks 1985; Sikora/Steinparz, Computer & Kommunikation 1988; Sloman/Kramer, Verteilte Systeme und Rechnernetze 1988; Tannenbaum, Computer Networks 1988; Kauffels, Lokale Netze 1997; Taylor, Network architecture design handbook 1997*), können Netze nach weiteren Eigenschaften charakterisiert werden. Beispielsweise kann zwischen Wide Area Networks (WAN), die weit auseinanderliegende Standorte miteinander verbinden, und Local Area Networks (LAN), die Knoten eines zusammengehörenden Standortes vernetzen, unterschieden werden.

gegen bereits einige, i. d. R. die oberen Schichten, überein, so daß lediglich die Protokolle der unteren Schichten übersetzt werden müssen, so werden diese Formen durch Router und Bridges realisiert. Diese Verbindungsarten werden in Abb. 53 durch die Klasse ÜBERGANGSTYP charakterisiert.

Der Übergang von einem Netz zu einem anderen Netz wird dabei durch eine Verbindung von einem Knoten des einen Netzes zu einem Knoten des anderen Netzes hergestellt. Dieses wird durch die Assoziation NETZÜBERGANG dargestellt, zu deren Definition auch der ÜBERGANGSTYP (Gateway, Router usw.) gehört.

Die Beziehung zu dem Fachkonzept der Organisationsstruktur und der Netztopologie wird durch Übernahme der Klassen STANDORT und ORGANISATIONSEINHEIT des Fachkonzepts hergestellt. Ist eine Zuständigkeit sogar auf der Knotenebene definiert, d. h. teilen sich mehrere Organisationseinheiten einen Rechnerknoten bzw. kann ein Knoten eines Standortes lediglich einer Auswahl der prinzipiell dem Standort zugeordneten Organisationseinheiten zur Verfügung stehen, so ist eine KNOTENZUORDNUNG zwischen KNOTEN und ORGANISATIONSEINHEIT herzustellen. In Abb. 53 ist auch dieser Fall berücksichtigt.

A.II.2.3.2 Komponententypen

Ein Knoten ist bisher lediglich durch seinen Standort und seine Netzzugehörigkeit beschrieben. Die Art des am Knoten installierten Hardware-Systems ist noch nicht festgelegt. Es wird zum Beispiel nicht sichtbar, ob an dem Knoten ein komplettes Rechnersystem, lediglich eine Eingabe- oder Ausgabestation oder eine dezentrale Workstation mit Zugriff zu Hintergrundsystemen existiert. Zur Charakterisierung der groben Gerätetypen, also ob z. B. vollständige Rechnersysteme oder lediglich ein Ausgabegerät an einem Knoten zu positionieren sind, wird der Begriff KOMPONENTENTYP eingeführt. An einem Knoten können unterschiedliche Komponententypen eingesetzt werden. Typisches Attribut des Komponententyps ist seine Beschreibung.

Die Assoziation KOMPONENTENZUORDNUNG kann unterschiedlich interpretiert werden. Ist die Knotendefinition so eng, daß mit jedem Knoten ein Gerät identifiziert werden kann, so daß also auch jede Workstation einen Knoten des Rechnernetzes darstellt, so besteht aus Sicht des Knotens eine (1..*)-Kardinalität, d. h. ein Knoten ist jeweils genau einem Komponententyp zugeordnet. Ein Komponententyp kann dagegen an mehreren Knoten eingesetzt werden. Wird jedoch der Knoten lediglich als Anschlußpunkt an ein Netz interpretiert, der von mehreren Geräten wie z. B. Personal Computer oder Ausgabestationen genutzt werden kann, so können an einem Knoten auch mehrere Komponententypen eingesetzt werden. Die Anzahl der von einem Typ an einem Knoten verwendeten Geräte wird dann als Attribut der Assoziation geführt.

A.II.2.4 Implementierung der Organisationssicht

Ausgang der Implementierung ist die Netztopologie des DV-Konzepts, wie sie in Abb. 54 im oberen Teil als Klassendiagramm abgebildet ist. Die im DV-Konzept definierten Netze und Knoten können physisch abweichend implementiert werden. Deshalb werden die Begriffe des DV-Konzepts, wenn sie auf der physischen Ebene in gleicher Form existieren, mit einem vorangestellten LOG. (für logisch) versehen. Entsprechend werden die Begriffe der physischen Implementierungsebene mit einem vorangestellten PHYS. (für physisch) gekennzeichnet. Dieses soll deutlich machen, daß die logisch definierten Komponenten nun in physische Einheiten umgesetzt werden. In Abb. 55 ist ein Beispiel für eine heterogene Netzarchitektur angegeben.

Ein bestimmtes Netzprotokoll (z. B. TCP/IP) wird bei der Implementierung auf einem physischen Netz abgebildet. Das physische Netz ist dabei durch sein konkretes Übertragungsmedium charakterisiert, so z. B. als Koaxialkabel, Lichtleiterkabel oder zweiadrige Telefondrähte. Zwischen der Klasse LOG. NETZ und der Klasse PHYS. NETZ kann eine *:*-Assoziation bestehen. Auf einem physischen Netz können mehrere logische Netze abgebildet werden und ein einheitliches logisches Netz kann durch mehrere physische Netze, die zusammengeschaltet werden, realisiert werden.

Entsprechend des Klassendiagramms des DV-Konzepts wird ein physischer Netzknoten als Verbindung zwischen dem physischen Netz PHYS. NETZ und einer Standortbezeichnung STANDORT konstruiert. Die Standortdefinition wird dabei aus dem DV-Entwurf übernommen, wobei seine Ausprägungen erweitert werden können. Auch zwischen den Begriffen physischer Knoten (PHYS. KNOTEN) und logischer Knoten (LOG. KNOTEN) besteht eine *:*-Assoziation, da sich an einem aus Sicht des DV-Konzepts logischen Knoten mehrere physische Knoten befinden können.

Umgekehrt können physische Knoten bestehen, die keine direkte Beziehung zu einem logischen Knoten der Ebene des DV-Konzepts besitzen, so z. B. wenn der physische Knoten lediglich technische Verstärkerfunktionen besitzt, ohne daß ihm Anwendungsgeräte und Anwendungsfunktionen zugeordnet sind.

Das physische Netz wird durch die physischen Knoten und physischen Kanten definiert. Auch zwischen den Klassen logische Kante (LOG. KANTE) und physische Kante (PHYS. KANTE) wird eine *:*-Assoziation hergestellt.

Allerdings ist anzumerken, daß für die hier verfolgten Zwecke der Konstruktion eines Informationsmodells diese Beziehungen nicht unbedingt erforderlich sein müssen. So kann es genügen, lediglich die Verbindungen zwischen logischem Netz und physischem Netz und gegebenenfalls auszugsweise zwischen logischen Knoten und physischen Knoten zu verwalten, während die physischen Kantendefinitionen lediglich in der Implementierungswelt benötigt werden und ein Bezug zu den logischen Kanten nicht hergestellt werden muß.

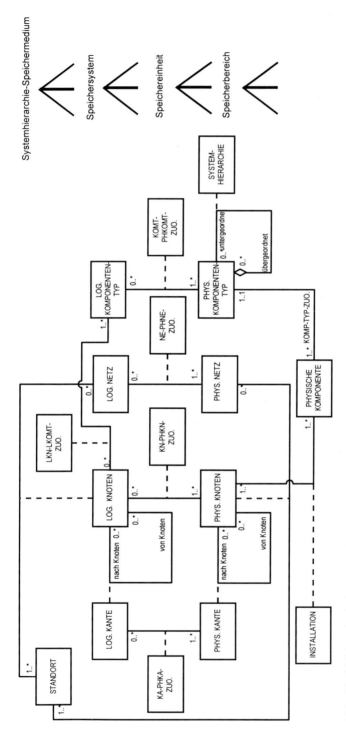

Abb. 54 Abbildung logischer Netze durch physische Netze

Die Geräteebene, also die Rechnerkomponenten, werden durch den Begriff
PHYS. KOMPONENTENTYP charakterisiert. Er wird mit der Ebene des DV-
Konzepts durch eine Assoziation zur Klasse LOG. KOMPONENTENTYP ver-
bunden. Einem Speichersystem der logischen Ebene wird z. B. eine konkrete
Gerätefamilie mit Hersteller- und Typenbezeichnung zugeordnet.

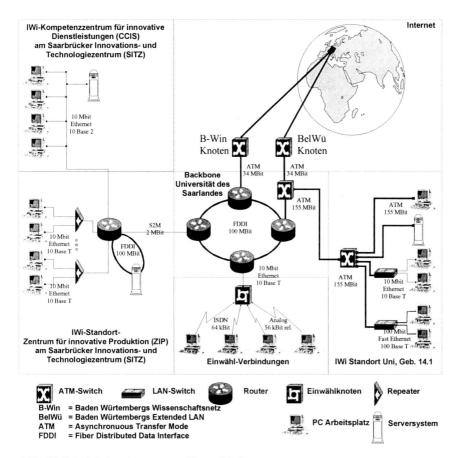

Abb. 55 Beispiel einer heterogenen Netzarchitektur

Die hierarchische Verbindung zwischen Obersystem und verschachtelten Untersy-
stemen wird durch die Aggregation SYSTEMHIERARCHIE dargestellt. Somit
können z. B. komplexe Rechnersysteme oder Speichersysteme in einer Art Stücklistenstruktur aufgefächert werden.

Die einzelnen physischen Komponenten eines speziellen Typs werden durch
die Klasse PHYSISCHE KOMPONENTE dargestellt. Neben der Gruppierung zu
einem bestimmten Komponententyp wird auch die Zuordnung zu dem Standort,
ausgedrückt durch den physischen Knoten eines Netzes, hergestellt. Ein physischer Knoten kann mit mehreren physischen Komponenten eines Rechnersystems

verbunden sein. Andererseits kann auch eine physische Rechnerkomponente an mehrere Netze und damit physische Knoten angeschlossen werden.

Neben den hardware-orientierten Komponenten können in gleicher Form auch Systemsoftware-Komponenten betrachtet werden. So wird zur Netzsteuerung Steuerungssoftware eingesetzt. Diese weitgehend analoge Beschreibung wird hier nicht weiter verfolgt. Es wird somit unterstellt, daß die Systemsoftware Bestandteil der Hardware-Komponenten ist.

A.II.3 Modellierung der Datensicht

Die Datensicht enthält die Beschreibung der Datenobjekte, die von Funktionen manipuliert werden. Bei solchen Datenobjekten, die von nachfolgenden Organisationseinheiten als Informationsdienstleistungen anerkannt werden, besteht eine Überschneidung zur Leistungssicht.

Die im Fachkonzept entworfenen Datenobjekte können eine hilfreiche Grundlage für die Klassendefinition einer objektorientierten Entwurfsmethode sein. Die Einordnung der Datensicht in das ARIS-Haus zeigt Abb. 56. Die bereits beschriebenen Sichten sind dunkelgrau hinterlegt.

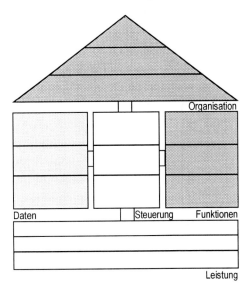

Abb. 56 Einordnung Datensicht in ARIS

A.II.3.1 Fachkonzept der Datensicht

In der Datensicht werden unterschiedliche Objekte mit unterschiedlicher Granularität verwendet. Eine Auswahl zeigt Abb. 57. Bei einigen Objekten sind auch ihre Ausprägungen angegeben. Die fachliche Modellierung bezieht sich wieder vornehmlich auf die Beschreibung von Typen. Die Objekte Voice bis Trägersystem gehören zu einer Makrobetrachtung, während die Objekte Entitytyp, Attribut und Beziehungstyp als Begriffe des Entity-Relationship-Modells die Mikrosicht repräsentieren.

Der Begriff Objekt wird im Zusammenhang mit Daten mehrdeutig verwendet. Er gilt einmal als Umschreibung vielfältiger Dokumententypen entsprechend Abb. 57, aber auch als Schnittstelle zu objektorientierten Datenbanksystemen. Deshalb wird zur Klarstellung teilweise der Begriff Datenobjekt mit Zusätzen versehen.

Klasse MAKRO-DATENOBJEKT, die die logische Part-Of-Beziehung ausdrückt (vgl. Abb. 60).

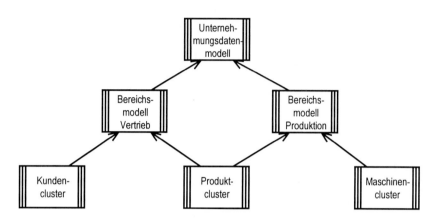

Abb. 60 *:*-Assoziation zwischen Makro-Datenobjekten

Ein Datenobjekt kann einerseits in elektronisch-alphanumerischer Form auftreten oder andererseits als Sound, Bitmap bzw. konventionell auf Papier erfaßt sein. Deshalb wird die Klasse MAKRO-DATENOBJEKT in ELEKTRONISCH AL-PHANUM. und SONSTIGE unterschieden, wobei diese wiederum in ELEK-TRONISCH und KONVENTIONELL geteilt werden.

Den elektronisch gespeicherten Datenobjekten können als Trägersysteme Anwendungssysteme zugeordnet werden. Hierbei werden nur grobe Bezeichnungen verwendet, die keine Überschneidungen zur DV-Konzept-Beschreibung besitzen. In ihr kommen bei Ist-Erfassungen die gegenwärtig eingesetzten eigenentwickelten Systeme oder Standardsoftware zum Ausdruck und bei Soll-Konzepten bereits strategisch feststehende Entscheidungen über z. B. einzusetzende Standardsoftware-Systeme.

A.II.3.1.2 Mikrobeschreibung

Die Makro-Datenobjekte werden in der Mikrosicht in kleinere Einheiten zerlegt. Die detaillierte Datenstruktur eines fachlichen Anwendungsbereiches kann mit Hilfe objektorientierter Klassendiagramme oder eines ERM abgebildet werden. Da das ERM zur Modellierung betriebswirtschaftlicher Inhalte in der Praxis weit verbreitet ist, wird in den folgenden Abschnitten die Repository-Struktur für diese Methode entwickelt. Objektorientierte Klassendiagramme werden im Zusammenhang mit der objektorientierten Modellierung in der Verbindung zwischen Daten- und Funktionssicht in Kapitel A.III.2.1.1.1 beschrieben.

Die Elemente des ERM werden als UML-Klassendiagramme dargestellt. Dieses wird zunächst für das einfache ERM gezeigt. Es wird anschließend um einige Darstellungsoperatoren erweitert.

Das einfache ERM zur Datenstrukturierung von fachlichen Anwendungen besteht aus Entity- und Beziehungstypen, die durch Kanten miteinander verbunden sind. Das erweiterte ERM wird um die genauere Spezifizierung von Kardinalitäten sowie um Operatoren der Spezialisierung/Generalisierung und Uminterpretation von Beziehungs- in Entitytypen ergänzt. Zur unterschiedlichen Darstellung der Kardinalitäten bei UML und ERM vgl. Abb. 3.

A.II.3.1.2.1 Das einfache ERM

Der in der Abb. 61 gezeigte Ausschnitt einer Vertriebsdatenstruktur ist Ausgang der Betrachtung.

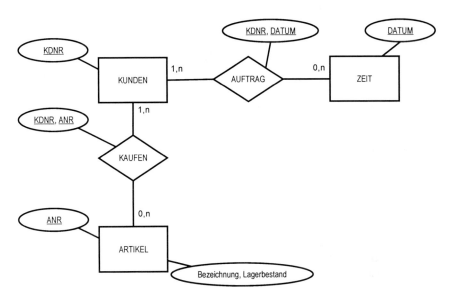

Abb. 61 ERM-Ausschnitt einer Vertriebsdatenstruktur

KUNDEN, ARTIKEL und ZEIT sind Entitytypen, die durch die Beziehungstypen KAUFEN und AUFTRAG miteinander verbunden sind. Der Auftrag ist durch seine Verknüpfung mit dem Entitytyp ZEIT als Bewegungsdatenobjekt zu erkennen, während die anderen Elemente Stammdaten repräsentieren.

Den Elementen sind jeweils Schlüsselattribute sowie beschreibende Attribute zugeordnet. Schlüsselattribute sind unterstrichen. Die Anzahl der aus Sicht eines Entitytyps erlaubten Ausprägungen des Beziehungstyps ist durch die Kardinalitäten angegeben.

In Abb. 62 werden für die Begriffe Entity- und Beziehungstyp der Fachebene die Klassen ENTITYTYP und BEZIEHUNGSTYP eingeführt. Ihre Ausprägungen sind für das Beispiel KUNDEN, ZEIT und ARTIKEL sowie KAUFEN und AUFTRAG.

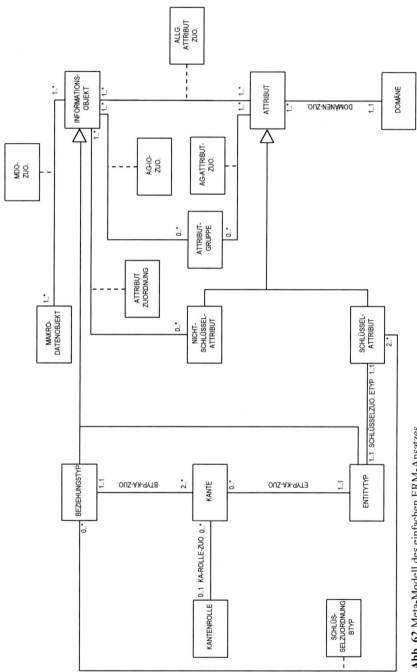

Abb. 62 Meta-Modell des einfachen ERM-Ansatzes

Die Verbindung zwischen einem Entitytyp und einem Beziehungstyp wird auf der Fachebene durch eine Kante hergestellt. Hierfür wird auf der Meta-Ebene in Abb. 62 die Klasse KANTE eingeführt. Attribute von KANTE sind die Anzahl der erlaubten Ausprägungen der Beziehungsrichtung. Da in der Datenstruktur von einem Entitytypen mehrere Kanten zu einem Beziehungstypen führen können, wird die Kardinalität von (0..*) angesetzt. Die Tatsache, daß an einer Beziehung mindestens zwei Entities teilnehmen, führt zu der Angabe der (2..*)-Kardinalität.

Zwischen einem Entitytyp und einem Beziehungstyp können mehrere Kanten unterschiedlicher inhaltlicher Bedeutung bestehen, z. B. bei der Darstellung der Stücklistenstruktur die Kanten zur Kennzeichnung der übergeordneten und der untergeordneten Teile. Es wird deshalb die Klasse KANTENROLLE eingeführt, die in diesen Fällen eine eindeutige Identifizierung einer Kante ermöglicht.

Jedem Entitytyp ist ein identifizierendes Schlüsselattribut zugeordnet. Alle Schlüsselattribute bilden die Klasse SCHLÜSSELATTRIBUT. Zwischen der Klasse ENTITYTYP und der Klasse SCHLÜSSELATTRIBUT besteht eine 1:1-Assoziation. Die Unter- und Obergrenzen sind deshalb jeweils gleich Eins. Beispielsweise wird dem Entitytyp KUNDE die Kundennummer KDNR als ihn eindeutig identifizierendes Schlüsselattribut zugeordnet, entsprechend dem Entitytyp ARTIKEL die Artikelnummer ANR.

Beziehungstypen werden durch die Schlüsselattribute der mit ihnen verbundenen Entitytypen identifiziert. Aus diesem Grunde braucht keine Assoziation zwischen den Klassen BEZIEHUNGSTYP und SCHLÜSSELATTRIBUT eingeführt zu werden. Die Schlüsselattribute sind vielmehr über die Assoziation zwischen den Klassen SCHLÜSSELATTRIBUT und ENTITYTYP implizit zugeordnet. Zum leichteren Verständnis wird aber eine (redundante) Assoziation SCHLÜSSELZUORDNUNG BTYP eingeführt.

Die Klassen ENTITYTYP und BEZIEHUNGSTYP sind jeweils Attributträger; sie werden deshalb zu der Klasse INFORMATIONSOBJEKT generalisiert. Diese Klasse stellt die Verbindung zu dem MAKRO-DATENOBJEKT her. Einem Makro-Datenobjekt, z. B. einem Bereichsdatenmodell für Marketing, werden dann alle fachlichen Entity- und Beziehungstypen einschließlich der Kanten zugeordnet. Ebenso einem Dokument oder Video die beschreibenden Kopf- und Teilsegmente.

Nachdem die Entity- und Beziehungstypen mit ihren Schlüsselattributen konstruiert worden sind, werden im zweiten Schritt die Nichtschlüsselattribute festgelegt und zugeordnet. Die bereits eingeführte Klasse SCHLÜSSELATTRIBUT ist eine Spezialisierung der generellen Klasse ATTRIBUT. Sie spezialisiert sich in die Klassen SCHLÜSSELATTRIBUT und NICHT-SCHLÜSSELATTRIBUT.

Die Nichtschlüsselattribute werden über eine (1..*):(0..*)-Assoziation dem Attributträger INFORMATIONSOBJEKT zugeordnet. Dieses bedeutet, daß ein Informationsobjekt mehrere Nicht-Schlüsselattribute besitzen kann, wie es im Normalfall auch gegeben ist. Zum anderen bedeutet es auch, daß ein Attribut mehreren Attributträgern zugeordnet werden kann, z. B. das Attribut Name sowohl dem Informationsobjekt Kunde als auch dem Informationsobjekt Lieferant. Die (redundante) ALLGEMEINE ATTRIBUTZUORDNUNG zwischen ATTRI-

BUT und INFORMATIONSOBJEKT umfaßt sowohl Schlüssel- als auch Nicht-schlüsselverweise.

Inhaltlich zusammengehörende Attribute können zu Gruppen aggregiert wer-den. Beispielsweise kann die Attributgruppe Anschrift die Attribute Straßenname, Hausnummer, Postleitzahl und Wohnort umfassen. Es ist möglich, überlappende Attributgruppen zu bilden, so daß eine (1..*):(0..*)-Assoziation zwischen den Klassen ATTRIBUT und ATTRIBUTGRUPPE besteht. Eine Attributgruppe muß also aus mindestens einem Attribut bestehen, während nicht jedes Attribut einer Attributgruppe zugeordnet sein muß. Informationsobjekte können auch direkt mit Attributgruppen verbunden werden.

Die Wertemenge eines Attributes wird durch die Klasse DOMÄNE gekenn-zeichnet. Jedem Attribut kann genau eine Domäne zugeordnet werden. Bei dem Attribut Name können z. B. in der Domäne alle vorkommenden Namen in Form eines Lexikons gespeichert sein und bei Zahlenwerten können die Zahlenbereiche definiert werden.

Durch die (1..*):(1..*)-Assoziation zwischen ATTRIBUT und INFORMATI-ONSOBJEKT wird eine weitgehend redundanzfreie Verwaltung der Attribute sowie der Domänen erreicht.

A.II.3.1.2.2 Das erweiterte ERM

Gegenüber dem einfachen ERM-Ansatz werden die Erweiterungen:

- Uminterpretation von Beziehungstypen zu Entitytypen,
- Anwendung der Spezialisierungs-/Generalisierungsoperation,
- Bildung von komplexen Objekten aus Entitytypen und Beziehungstypen

eingeführt.

Die genauere Spezifizierung der Kardinalitäten durch Angabe von Unter- und Obergrenzen drückt sich lediglich in der Attributierung der Assoziationsklasse KANTE aus und führt zu keiner Erweiterung des Informationsmodells.

Die Uminterpretation eines Beziehungstyps zu einem Entitytyp erfordert auf der Meta-Ebene der Abb. 64 neben der generellen Klasse ENTITYTYP die Ein-führung spezialisierter Klassen für die originären und die uminterpretierten Enti-tytypen. Ein uminterpretierter Entitytyp wird somit doppelt geführt: Er ist einmal Element der Spezialisierung der generellen Klasse ENTITYTYP und ist gleich-zeitig Spezialisierung von BEZIEHUNGSTYP.

Da Kanten sowohl von originären als auch uminterpretierten Entitytypen zu Beziehungstypen verlaufen, bleibt die Assoziation KANTE zwischen der gene-rellen Klasse ENTITYTYP und BEZIEHUNGSTYP bestehen.

Die Einführung der Generalisierungs- bzw. Spezialisierungsoperation im ERM führt zur Bildung der Klasse GEN/SPEZ-SICHT. So ist im Beispiel der Abb. 63 die Aufspaltung des Entitytyps KUNDE in AUSLÄNDISCHE KUNDEN und INLÄNDISCHE KUNDEN die Sicht Marktregion. Marktregion ist somit eine Ausprägung der Klasse GEN/SPEZ-SICHT. Eine Sicht führt zu mehreren Enti-tytypen (AUSLÄNDISCHE und INLÄNDISCHE KUNDEN), während umge-kehrt ein Entitytyp eindeutig einer Spezialisierungssicht zugehören sollte.

Da bei einer Spezialisierung die Schlüsselattribute des übergeordneten Entitytyps übernommen werden, ist nun ein Schlüsselbegriff für mehrere Entitytypen gültig (z. B. die Kundennummer für den generellen Entitytyp KUNDE und auch für die Spezialisierungen INLÄNDISCHER und AUSLÄNDISCHER KUNDE). Damit ist die Kardinalität zwischen SCHLÜSSELATTRIBUT und der Klasse ORIGINÄRER ETYP (Entitytyp) vom Typ (1..*):(1..1).

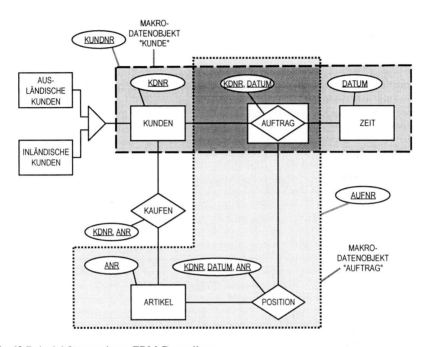

Abb. 63 Beispiel für erweiterte ERM-Darstellung

Für die Beziehungstypen können die Schlüsselattribute über die Kantenzuordnung aus den Schlüsseln der beteiligten Entitytypen gebildet werden. Zur klaren Darstellung wird aber eine gesonderte Assoziationsklasse SCHLÜSSELZUORDNUNG BTYP gebildet.

Ein ERM zerlegt einen komplexen Zusammenhang in eine übersichtliche Struktur. Dabei bleibt aber der Bezug zu dem Gesamtkomplex nicht immer unmittelbar sichtbar. Aus diesem Grund wird der Begriff komplexes Objekt (OBJEKT) eingeführt, der mehrere Entity- und Beziehungstypen, die zu einem Betrachtungsgegenstand gehören, wieder zusammenfaßt (*vgl. Dittrich, Nachrelationale Datenbanktechnologie 1990; vgl. auch Härder, Relationale Datenbanksysteme 1989; Lockemann, Weiterentwicklung relationaler Datenbanken 1991; Kilger, C.: Objektbanksysteme 1996*).

Ein komplexes Objekt umfaßt mehrere Entitytypen und Beziehungstypen. Beispiel hierfür ist eine Zeichnung, die die gesamte geometrische Struktur einer Baugruppe enthält und aus mehreren Entity- und Beziehungstypen (KÖRPER, FLÄ-

CHEN, KANTEN, PUNKTE usw.) zusammengesetzt ist, oder ein Vertrag mit Anlagen, der eine komplexe Datenstruktur darstellt.

Auch ein Auftrag kann mit seinen Positionen als komplexes Objekt betrachtet werden, ebenfalls die zu einem Kunden gehörenden Daten (vgl. Abb. 63). Die einzelnen Objekte der Fachebene (z. B. ZEICHNUNG, VERTRAG, AUFTRAG) sind dann Ausprägungen der Klasse OBJEKT der Meta-Ebene. Da sich Objekte auch überschneiden können, werden die Kardinalitäten vom Typ (0..*) bzw. (1..*) angesetzt.

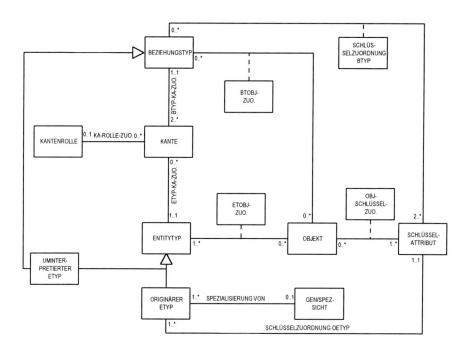

Abb. 64 Meta-Modell des erweiterten ERM

Die Definition dieses Objektbegriffs verdeutlicht den Übergang zum Begriff MAKRO-DATENOBJEKT. Der hier beschriebene Tatbestand wird auf der DV-Konzeptebene durch das objektorientierte Datenmodell wieder aufgenommen.

Träger beschreibender Attribute und damit Informationsobjekte sind also die Klassen ENTITYTYP, ORIGINÄRER ETYP, BEZIEHUNGSTYP und OBJEKT. Die Attribute von UMINTERPRETIERTER ETYP entsprechen denen der ursprünglichen Klasse BEZIEHUNGSTYP. Sie werden deshalb nicht nochmals zugeordnet. Die Verbindung zur Attributzuordnung ist bei der erweiterten Form in gleicher Weise vorzunehmen, wie es bei der vereinfachten ERM-Darstellung bereits eingeführt wurde.

A.II.3.2 Datenkonfiguration

Der Prozeßkostenrechnung werden mit Hilfe des Datenmodells die Kostenarten und Kostensätze zugeordnet, die zur Berechnung der Prozeßkosten erforderlich sind.

Der Zeit- und Kapazitätssteuerung werden über das Datenmodell die benötigten Datenobjekte für Ist-, Soll- und Plangrößen zugeordnet, denen die Belastungen zur Berechnung von Kapazitäts- und Zeitprofilen entnommen werden können.

Beim Workflow steht die Steuerung des Ablaufs im Vordergrund. Trotzdem bestehen auch Verbindungen zum Datenmodell. Dabei ist zwischen Daten, die vom Workflow physisch transportiert werden, und solchen Daten, die in Datenbanken gespeichert sind und auf die vom Workflow lediglich verwiesen wird, zu unterscheiden (vgl. Abb. 65).

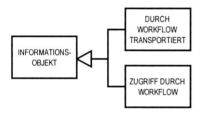

Abb. 65 Datengruppen bei Workflow

Zur ersten Gruppe gehören vor allem unkonventionelle Daten wie multimediale Dokumente, die vom Workflow zum Client transportiert werden. Bei der zweiten Gruppe werden lediglich Verweise auf Informationsobjekte der in Anwendungen gespeicherten Daten gegeben und durch Weitergabe von Zugriffsrechten innerhalb des Ablaufs der Datentransport logisch gesteuert.

Zur fachlichen Beschreibung der Datenanforderungen einer Workflow-Bearbeitung sind die eingeführten Konstrukte des Meta-Modells ausreichend (*vgl. Galler, Vom Geschäftsprozeßmodell zum Workflow-Modell 1997, S. 67*). Gelegentlich kann es sinnvoll sein, bei der Build-Time-Modellierung einzelne Dateninstanzen (konkrete Dokumente) einzusetzen, wenn diese in allen Ausprägungen des Geschäftsprozeßtyps vorkommen. In diesem Fall muß das Datenmodell um die Verwaltung von Instanzen ergänzt werden.

Die in Standardsoftware enthaltenen Datenstrukturen werden zunehmend durch Datenmodelle fachlich dokumentiert. Die Abb. 66a und b geben einen Ausschnitt aus den Datenmodellen des SAP R/3-Systems und der ARIS-Applications an. Die methodischen Darstellungen sind unterschiedlich, obwohl beiden Darstellungen das ERM zugrunde liegt. Die SAP-ERM-Darstellung der SAP ist eine Mischung zwischen ERM nach Chen *(Chen, Entity-Relationship Model 1976)*, strukturiertem ERM nach Sinz *(Sinz, Datenmodellierung im SERM 1993)* und der Bachman-Notation *(Bachman, The Programmer as Navigator 1973)*.

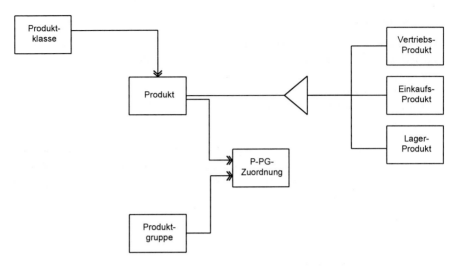

Abb. 66a SAP-Datenmodell

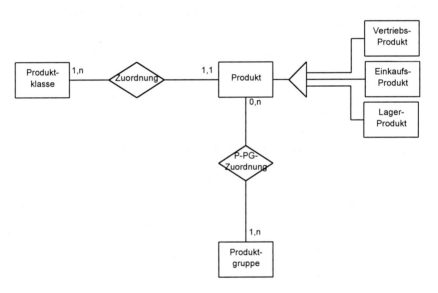

Abb. 66b ARIS-Applications-Datenmodell

Die hier gewählte ERM-Darstellung und die SAP-ERM-Notation lassen sich in-einander überführen (*vgl. Scheer, Wirtschaftsinformatik 1997; Nüttgens, Koordiniert-dezentrales Informationsmanagement, S. 104*).

Typische Manipulationen mit Datenmodellen der Standardsoftware sind

- Streichen von Informationsobjekten,
- Streichen von Attributen,
- Ändern der Stellenzahl von Attributen,
- Hinzufügen von Attributen,
- Hinzufügen von Datenobjekten.

Bei den drei ersten Manipulationen muß durch Integritätsbedingungen verfolgt werden, daß mit der Datenänderung auch die notwendigen Anwendungen, die die Daten benutzen, angepaßt werden. Ein Beispiel zur Änderung der Stellenzahl eines Attributes mit der dadurch automatischen Anpassung der Benutzermaske eines Standardsoftware-Systems zeigt Abb. 67.

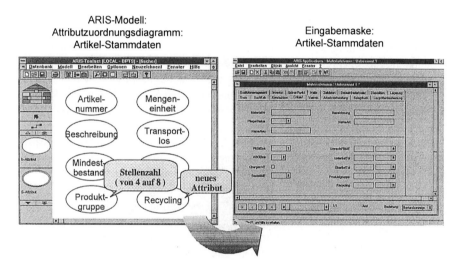

Abb. 67 Modellbasierte Konfiguration einer Benutzermaske

Werden neue Attribute lediglich zu Informationszwecken mitgeführt und nicht von außen in das Anwendungssystem eingeführt, so brauchen lediglich neue Felder in bestehende Masken eingefügt zu werden. Dies kann automatisch geschehen. Das Hinzufügen von extern gepflegten Datenstrukturen erfordert neue Masken zur Pflege (Anlegen, Ändern, Löschen) auf der Ausprägungsebene. Dazu müssen automatisch entsprechende Masken generiert werden. Werden die neu hinzugefügten Datenstrukturen von Anwendungen bearbeitet, müssen diese auch entsprechend erweitert werden.

A.II.3.3 DV-Konzept der Datensicht

Im Rahmen des DV-Konzepts wird das semantische Datenmodell in die Schnittstellensprachen von Datenbanksystemen umgesetzt. Diese Schnittstellen folgen dabei bestimmten Datenmodellen. Sie sind aber von dem Begriff des semanti-

schen Datenmodells zu unterscheiden. Gebräuchlich sind das hierarchische, netz-
werkorientierte, relationale und objektorientierte Datenmodell. Da das hierarchische Modell nur noch von historischem Interesse ist und auch das netzwerkorien-
tierte Modell an Bedeutung verliert, wird im folgenden lediglich das relationale
Datenmodell behandelt. Das objektorientierte Datenmodell wird nur gestreift.

Im ersten Schritt werden die Informationsobjekte des Fachkonzepts zu Relationen umgeformt. Hierzu bestehen feste Regeln.

Im zweiten Schritt werden die Relationen einem Optimierungsprozeß unterzogen, indem durch den Normalisierungsprozeß Anomalien bezüglich des Einfü-
gens, Änderns oder Entfernens von Tupeln beseitigt werden. Hierdurch können
die aus dem Fachkonzept übernommenen Rohrelationen weiter aufgespalten werden. Bei offensichtlichen Leistungsproblemen einer zu feinen Relationengliede-
rung kann auch der umgekehrte Prozeß, also eine Denormalisierung, durchgeführt
werden.

Im dritten Schritt werden Integritätsbedingungen definiert. Diese können einmal aus dem Fachkonzept übernommen und in die Schreibweise des Relationenmodells umgeformt werden oder aber aus Sicht des DV-Konzepts neu hinzugefügt
werden. Die neue Formulierung der bereits im Fachkonzept enthaltenen Integritätsbedingungen ergibt sich aus dem eingeschränkten Sprachumfang des Relationenmodells, so daß Integritätsbedingungen mit Hilfe einer Datenmanipulationssprache formuliert werden müssen.

Im vierten Schritt wird das relationale Schema in die Datenbeschreibungssprache eines konkreten Datenbankverwaltungssystems umgeformt. Hierbei werden
logische Zugriffspfade zur Unterstützung einer satzorientierten Verarbeitung hinzugefügt. Dieser letzte Schritt leitet zur Implementierungsphase über.

In der Datenbeschreibungssprache (Data Description Language - DDL) eines
Datenbanksystems wird das relationale Schema übernommen und den formalen
Anforderungen der DDL angepaßt. Es werden somit keine implementierungsbe-
zogenen Veränderungen vorgenommen. Die DDL ist gleichzeitig die implemen-
tierungsnächste Beschreibungssprache, in der die anderen ARIS-Sichten mit der
Datensicht kommunizieren. Anwendungen sollen nur über das in der DDL for-
mulierte Datenbankschema kommunizieren.

A.II.3.3.1 Bildung von Relationen

Eine Relation R_i wird durch Aufzählung von Attributnamen A_{ij} definiert (vgl. (1)
in Abb. 68). Eine Relation kann anschaulich durch eine Tabelle dargestellt werden. Mathematisch ist eine Relation eine Teilmenge des Kartesischen Produktes
der den Attributen zugeordneten Domänen (vgl. (2) in Abb. 68).

(1) $R_i (A_{i1}, A_{i2}, ..., A_{iz})$ A_{ij} = Attribut j in Relation i

Teil (<u>Teilenummer</u>, Bezeichung, Lagerbestand)

Teil	Teilenummer	Bezeichung	Lagerbestand
	4717	Schraube	526
	4728	Mutter	768

(2) $R_i \subseteq D_{i1} \times D_{i2} \times ... \times D_{iz}$
    wobei D_{ij} Domäne von A_{ij}

Abb. 68 Darstellung von Relationen

Die Relationen können nach relativ einfachen Vorschriften aus dem mit Hilfe des ERM formulierten Fachkonzept der Daten abgeleitet werden. Jeder Entitytyp sowie jeder n:n-Beziehungstyp wird zu einer Relation. Ein n:n-Beziehungstyp ist dadurch zu erkennen, daß mindestens zwei Kardinalitäten zu angrenzenden Entitytypen die Obergrenze n aufweisen.

Bei 1:n-Beziehungstypen entsteht dagegen keine eigene Relation, sondern die Beziehung wird durch Aufnahme des Schlüsselattributes in den Entitytyp, von dem die Kardinalität mit Obergrenze 1 ausgeht, aufgenommen (vgl. dazu die Beispiele der Abb. 69). Dieses übernommene Schlüsselattribut wird als Fremdschlüssel bezeichnet.

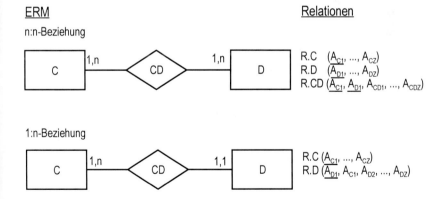

Abb. 69 Ableitung von Relationen aus ERM

In der Meta-Darstellung der Abb. 70 wird zunächst die Klasse RELATION eingeführt. Die Beziehung zu der Klasse INFORMATIONSOBJEKT des Fachkonzepts wird durch die Assoziation REL-ENTSTEHUNG hergestellt. Aufgrund der Generierungsvorschrift kann ein Informationsobjekt in 0 oder maximal 1 Relationen eingehen. Eine Relation kann sich dagegen auf ein oder mehrere Informationsobjekte beziehen. Die Klasse RELATION enthält als Attribut den Relationennamen, der auch mit dem Namen des Ursprungs-Informationsobjekts aus dem ERM übereinstimmen kann.

Die zu einer Relation gehörenden Attributnamen können ebenfalls dem Fachkonzept entnommen werden. Es ist allerdings auch möglich, die Namen gegenüber dem Fachkonzept zu ändern. Werden keine Umformulierungen vorgenommen, so sind die Attribute direkt durch die Assoziation zwischen RELATION und INFORMATIONSOBJEKT vorhanden. Um aber die Eigenständigkeit der DV-Konzept-Entwurfsebene herauszustellen, werden die der Relation zugeordneten Attribute durch die Assoziation RELATION-ATTRIBUT-ZUORDNUNG zur allgemeinen Attributzuordnung des Fachkonzepts verbunden.

Werden bei der Übernahme des Fachkonzepts keine Namen umbenannt, so können die Relationen anhand der Regel quasi automatisch gebildet werden. Viele CASE-Tools bieten diesen automatischen Übertragungsschritt aus einer ERM-Darstellung an.

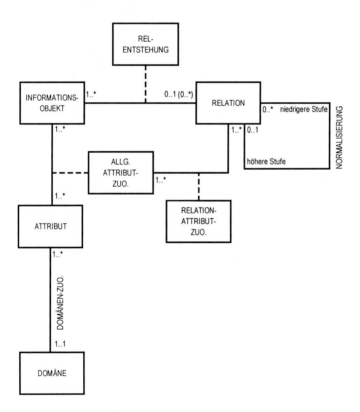

Abb. 70 Meta-Modell zur Ableitung von Relationen

Bezüglich der Domänen wird über die Attributzuordnungen auf die bestehende Domänendefinition des Fachkonzepts zugegriffen. Aus didaktischen Gründen wird später bei der Behandlung von Integritätsbedingungen, die sich auf Domänen beziehen, die Klasse DOMÄNE in enger Verbindung mit dem Relationenmodell betrachtet.

Während die Übertragung von Entity- und Beziehungstypen in das Relationenmodell keine Probleme bereitet, ist die Übertragung komplexer Objekte in das Relationenmodell schwieriger. Hier müssen Erweiterungen vorgenommen werden, indem z. B. Prozeduren oder unstrukturierte Datenbündel als Attribut in das Relationenmodell aufgenommen werden oder sogar das Datenmodell in Richtung eines objektorientierten Datenmodells erweitert wird.

A.II.3.3.2 Normalisierung - Denormalisierung

Die aus dem Fachmodell übernommenen Rohrelationen können bei den allgemeinen Datenbankfunktionen Einfügen, Löschen und Ändern zu unerwünschten Effekten führen. Diese Effekte werden als Anomalien bezeichnet, die durch den sogenannten Normalisierungsprozeß verringert werden. Der Normalisierungsprozeß ist zwar im Zusammenhang mit dem Relationenmodell entwickelt worden, kann aber als allgemeine Vorgehensweise zur Verbesserung von Datenstrukturen angesehen werden und ist damit auch für andere Datenmodelle anwendbar. Die einzelnen Normalisierungsstufen werden nur als Definitionen genannt; zur näheren Beschäftigung wird auf die einschlägige Literatur zu Datenbanksystemen verwiesen (*vgl. z. B. Schlageter/Stucky, Datenbanksysteme 1983, S. 183 ff.; Wedekind, Datenbanksysteme I 1991, S. 200 f; Vossen, Datenbank-Management-Systeme 1995, S. 249-270*).

Darüber hinaus werden lediglich die 1. bis 3. Normalform behandelt, die sogenannte Boyce/Codd-Normalform sowie die 4. und höhere Normalformen werden wegen der Seltenheit ihres Auftretens nicht einbezogen. Der Normalisierungsvorgang wird zur Veranschaulichung an einem Beispiel gezeigt (*vgl. z. B. Schlageter/Stucky, Datenbanksysteme 1983, S. 162*). Das Beispiel bezieht sich auf eine Projektorganisation:

1. Normalform (1 NF):

(1,1) R.ANGESTELLTER (ANR, NAME, ANSCHRIFT, BERUF, ABTNR)
(1,2) R.PROJEKT (PNR, PNAME, PBESCHR, P-LEITER)
(1,3) R.ANG-PROJ (PNR, ANR, TELNR, PROZ-ARBZEIT)
(1,4) R.ABTEILUNG (ABTNR, ABT-LEITER, GEBNR, HAUSMEISTER)

2. Normalform (2 NF):

(2,1) R.ANGESTELLTER* (ANR, NAME, ANSCHRIFT, BERUF, ABTNR, TELNR)
(2,3) R.ANG-PROJ* (PNR, ANR, PROZ-ARBZEIT)

3. Normalform (3 NF):

(3,4) R.GEB (GEBNR, HAUSMEISTER)
(3,5) R.ABTEILUNG* (ABTNR, ABT-LEITER, GEBNR)

Definitionen:

- Eine Relation R ist in der 1. Normalform (1 NF), wenn jeder Attributwert elementar ist.
- Eine Relation R ist in der 2. Normalform (2 NF), wenn sie in 1 NF ist und jedes Nichtschlüsselattribut von jedem Schlüsselkandidaten voll funktional abhängig ist.
- Eine Relation R ist in der 3. Normalform (3 NF), wenn sie in 2 NF ist und kein Nichtschlüsselattribut transitiv von einem Schlüsselkandidaten abhängt.

Die durch den Normalisierungsprozeß zu beseitigenden Anomalien des Beispiels werden anhand der 1 NF demonstriert.

- Eine **Einfüge**-Anomalie entsteht hier, wenn z. B. ein neuer Angestellter in die Datenbank aufgenommen wird, der noch keinem Projekt zugeteilt worden ist. Ihm kann dann keine Telefonnummer (TELNR) zugeordnet werden, da das Attribut TELNR nur in der Angestellten-Projekt-Relation (R.ANG-PROJ) enthalten ist.
- Eine Anomalie beim **Löschen** tritt auf, wenn ein Projekt abgeschlossen und deshalb die Relation (1,3) gelöscht wird. Damit wird auch die Telefonnummer des Angestellten gelöscht, obwohl diese für ihn weiterhin Gültigkeit haben kann.
- Eine **Update**-Anomalie besteht darin, daß bei der Änderung der Telefonnummer eines Angestellten alle Tupel der Relation R.ANG-PROJ durchsucht werden müssen und alle Telefonnummern des Angestellten, der in mehreren Projekten beschäftigt sein kann, geändert werden müssen, obwohl sich lediglich *ein* Tatbestand geändert hat.

Diese Anomalien verschwinden, wenn die Relationen (1,1) und (1,3) in die zweite Normalform überführt werden. Da die Telefonnummer TELNR nur vom Schlüssel ANR der Relation (1,1) identifiziert wird, wird sie dort als Attribut aufgenommen. In der Relation (1,3) wird die Telefonnummer gelöscht. Die Relationen (1,2) und (1,4) befinden sich bereits in der 2 NF.

Wird der Name des Hausmeisters geändert, so müssen alle Abteilungsrelationen (1,4) geändert werden, die in Gebäuden untergebracht sind, die von dem Hausmeister betreut werden. Die direkte Abhängigkeit des Hausmeisters besteht also nicht zur Abteilung, sondern zum Gebäude. Mit der dritten Normalform, in der die Relation (1,4) in zwei Relationen aufgespalten wird, wird die transitive Abhängigkeit, die zu Redundanzen führt, beseitigt. In dem Beispiel befinden sich die Relationen (2,1), (1,2) und (2,3) bereits in der dritten Normalform.

Formal führt der Normalisierungsprozeß zu einer weiteren Zerlegung der Ausgangsrelationen. Inwieweit dieser Zerlegungsprozeß greift, hängt vom Zustand der Ausgangsrelationen ab. Wird eine sogenannte Universalrelation, in der das Fachkonzept in ungeordneter Form enthalten ist, als Ausgang gewählt, so führt der Normalisierungsprozeß zu einer umfassenden Neustrukturierung. Wird dagegen der Fachentwurf bereits sorgfältig, z. B. mit Hilfe des Entity-Relationship-Modells, durchgeführt, so befinden sich die Informationsobjekte i. d. R. bereits in einer hohen Normalisierungsstufe.

Aber auch bei einem sorgfältigen Entwurf der Informationsobjekte, bei dem zunächst die Schlüsselattribute definiert werden und in einem späteren Schritt die Nichtschlüsselattribute hinzugefügt werden, können sich noch sinnvolle Überprüfungen durch Anwendung des Normalisierungsprozesses ergeben.

Bezüglich der eingeführten Klasse RELATION bedeutet der Zerlegungsprozeß durch die Normalisierung, daß aus den übernommenen Rohrelationen weitere Relationen abgeleitet werden. Da nunmehr ein Informationsobjekt zu mehreren Relationen führen kann, ändert sich die Kardinalität zur Klasse RELATION in (0..*), wie es bereits in Klammern neben der entsprechenden Kante in Abb. 70 eingetragen ist.

Die Herkunft einer Relation aus einer Relation der vorhergehenden Normalisierungsstufe wird durch die Assoziation NORMALISIERUNG kenntlich. Sie gibt für die Relation einer betrachteten Stufe (höhere Stufe) an, aus welcher Relation der niedrigeren Normalisierungsstufe sie abgeleitet wurde.

Durch die Bildung neuer Relationen bei dem Normalisierungsprozeß werden auch die Attributzuordnungen gegenüber dem Fachkonzept und damit auch gegenüber den zunächst gebildeten Rohrelationen geändert. Dieses führt aber nicht zur Erweiterung des Klassendiagramms der Abb. 70, sondern lediglich zur Anlage neuer Instanzen der Assoziationsklasse RELATION-ATTRIBUTZUORDNUNG.

A.II.3.3.3 Integritätsbedingungen

Integritätsbedingungen sorgen dafür, daß die Datenbank stets ein korrektes Abbild der Wirklichkeit darstellt (vgl. *Blaser/Jarke/Lehmann, Datenbanksprachen und Datenbankbenutzung 1987, S. 586*).

Da im Relationenmodell durch die Tabellendarstellung lediglich magere Möglichkeiten zur Definition semantischer Tatbestände bestehen, werden die Integritätsbedingungen in einer Datenmanipulationssprache definiert. Integritätsbedingungen können auch innerhalb eines Anwendungsprogramms formuliert werden. Es entspricht aber dem Prinzip der Lokalität und auch den Vorteilen einer zentralen Kontrolle der Datenintegrität, die Bedingungen in die Datensicht aufzunehmen. Aktive Datenbanken fordern z. B. möglichst viel Funktionalität, die früher in Programmsystemen enthalten war, in der Umgebung von Datenbanken anzusiedeln (vgl. *Dittrich/Gatziu, Aktive Datenbanksysteme 1996*).

Integritätsbedingungen beziehen sich einmal auf die Sicherung des semantischen Gehalts des Datenmodells, aber auch auf die darunterliegenden Implementierungsebenen. Dort sind aber die Bedingungen fest in Datenbanksysteme eingebunden, so daß sie nicht Gegenstand der Entwurfsentscheidungen des Anwenders sind. Aus diesem Grunde stehen hier die semantischen Integritätsbedingungen im Vordergrund.

Konsistenzbedingungen beziehen sich auf Attribute, Relationsausprägungen (Tupel) sowie Relationen, die aus Beziehungstypen hervorgegangen sind (vgl. *Blaser/Jarke/Lehmann, Datenbanksprachen und Datenbankbenutzung 1987, S. 588 f.*). Bedingungen der letztgenannten Art werden auch als Bedingungen der referentiellen Integrität bezeichnet.

Die Standard-Datenmanipulationssprache des Relationenmodells ist SQL. In SQL werden Integritätsbedingungen einmal durch die Assert-Anweisung definiert sowie bei der Ausführung von Aktionen aufgrund eines Ereignisses durch Trigger.

Soll beispielsweise in einer MITARBEITER-Relation sichergestellt werden, daß mit der Löschung einer Personalnummer (PNR) auch in einer Relation BESITZT, die einen Bezug zu der Relation FAEHIGKEIT herstellt, der entsprechende Verweis auf Fähigkeiten des Mitarbeiters gelöscht wird, so wird dieses durch folgende Trigger-Definition erreicht (*vgl. Blaser/Jarke/Lehmann, Datenbanksprachen und Datenbankbenutzung 1987, S. 592*):

```
DEFINE TRIGGER T1
ON DELETE OF MITARBEITER (PNR):
DELETE BESITZT
WHERE BESITZT.PNR = MITARBEITER.PNR.
```

Einige Beispiele für Assert-Formulierungen sind in Abb. 71 zusammengestellt.

Erläuterung	SQL-Formulierung
1) Die Bedingung betrifft ein Attribut. Beispiele hierfür sind: Die Ausprägungen von PERS-NR müssen 4-stellige Zahlen sein.	ASSERT IB1 ON ANGESTELLTER: PERS-NR BETWEEN 0001 AND 9999
2) Die Bedingung betrifft mehrere Attribute einer Satzausprägung Ein Beispiel hierfür ist: Die GEHALTS-SUMME einer Abteilung muß kleiner sein als ihr JAHRES-ETAT.	ASSERT IB2 ON ABTEILUNG: GEHALTS-SUMME < JAHRES-ETAT
3) Die Bedingung betrifft mehrere Ausprägungen derselben Satzart (Relation). Beispiele hierfür sind: Kein Angestellten-Gehalt darf mehr als 20% über dem Gehaltsdurchschnitt aller Angestellten derselben Abteilung liegen.	ASSERT IB3 ON ANGESTELLTER X: GEHALT * 1,2 ≤ (SELECT AVG(GEHALT) FROM ANGESTELLTER WHERE ABT-ZUGEH = X.ABT-ZUGEH)
4) Die Bedingung betrifft mehrere Ausprägungen aus verschiedenen Relationen. Ein Beispiel hierfür ist: Der Wert in GEHALTS-SUMME einer Abteilung muß stets gleich der Summe der GEHALTS-Felder ihrer Angestellten sein.	ASSERT IB4 ON ABTEILUNG X: GEHALTS-SUMME = (SELECT SUM(GEHALT) FROM ANGESTELLTER WHERE ABT-ZUGEH = X.ABTNR)

Abb. 71 Integritätsbedingungen *(aus Reuter, Sicherheits- und Integritätsbedingungen 1987, S. 381, 385)*

In Abb. 72 sind wesentliche Zusammenhänge der Verschachtelung von Integritätsbedingungen dargestellt. Die linke Seite aus Abb. 72 mit den Klassen RELATION, ATTRIBUT und DOMÄNE ist Ausgangspunkt der Integritätsbetrachtung. Die Klasse INTEGRITÄTSTYP beschreibt unterschiedliche Arten von Integritätsbedingungen (*vgl. Reuter, Sicherheits- und Integritätsbedingungen 1987, S. 380 f.*). Sie unterscheiden sich nach ihrer Reichweite (Festlegung der Art und Zahl der Objekte, die von einer Integritätsbedingung umfaßt sind; Beispiele dafür liefert die Abb. 71), nach dem Zeitpunkt ihrer Überprüfbarkeit (ob Integritätsbedingungen ständig oder erst nach Abarbeitung einer bestimmten Anzahl von Operationen überprüft werden), nach der Art ihrer Überprüfbarkeit (ob Zustandsbedingungen oder Übergangsbedingungen) oder danach, ob im Zusammenhang mit der Integritätsbedingung Aktionen (Trigger) gestartet werden.

Eine konkrete Integritätsbedingung wird in Abb. 72 jeweils einem Integritätstyp zugeordnet. Eine Integritätsbedingung kann sich auf eine oder mehrere Relationen und auf Attributzuordnungen einer oder mehrerer Relationen beziehen. Die Überprüfung von Attributwertgrenzen wird durch den Zusammenhang zu DOMÄNENZUORDNUNG hergestellt.

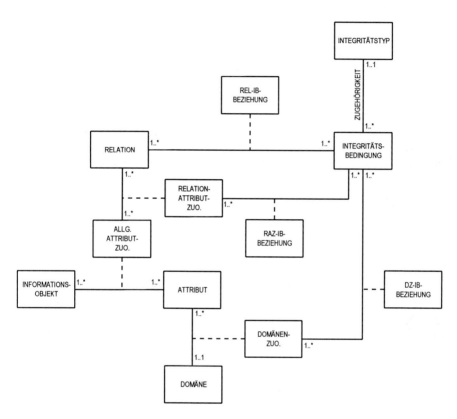

Abb. 72 Meta-Modell Integritätsbedingungen

A.II.3.3.4 Logische Zugriffspfade

Die Ausführung verschachtelter SQL-Anfragen kann zu erheblichen Performance-Problemen führen. Um die Effizienz der Datenbank zu steigern, werden deshalb Hilfsstrukturen angelegt, die den Zugriff auf einzelne Tupel oder Mengen von Tupeln unterstützen. Insbesondere soll vermieden werden, daß Tabellen sequentiell durchsucht werden müssen.

Typische Unterstützungen beziehen sich auf den Zugriff eines Tupels anhand seines Schlüssels sowie den Zugriff auf eine Menge von Tupeln in einer bestimmten Verarbeitungsfolge (Sortierung). Diese Unterstützungsformen werden als logischer Zugriffspfad bezeichnet. Logische Zugriffspfade für Primärschlüssel lassen sich nach sequentiellen, baumstrukturierten und gestreuten Organisationsformen gliedern. Für Sekundärschlüssel, die gerade beim relationalen Datenbanksystem von besonderer Bedeutung sind, werden Zugriffspfade durch invertierte Listen (Indextabellen) angelegt.

Im DV-Konzept wird festgelegt, welche Unterstützungsformen für bestimmte Attribute eingerichtet werden sollen. Dazu ist in Abb. 73 die Klasse LOGISCHER ZUGRIFFSPFADTYP zur Charakterisierung der verschiedenen Unterstützungsformen angelegt. Die Assoziation zwischen dem Attribut einer Relation und einem Zugriffspfadtyp charakterisiert dann den logischen Zugriffspfad. Dabei wird zugelassen, daß für ein Attribut in einer bestimmten Relation, also einer RELATION-ATTRIBUT-ZUORDNUNG, auch mehrere Zugriffspfade definiert werden können.

Die Definition von Zugriffspfaden des DV-Konzepts wird anhand globaler Vorstellungen über die Anzahl von Tupeln einer Tabelle sowie über erwartete typische Anwendungen für eine Tabelle gebildet. Ist die Datenbank erst einmal eingerichtet und liegen Erfahrungswerte über das tatsächliche Leistungsverhalten und die tatsächlich ausgeführten Operationen mit der Datenbank vor, so können die Zugriffshilfen weiter differenziert werden.

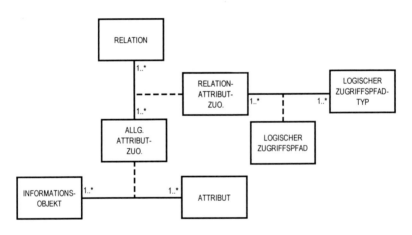

Abb. 73 Logische Zugriffspfade

A.II.3.3.5 Schema eines Datenbanksystems

Im letzten Schritt des DV-Konzepts werden die Datenstrukturen in die Data Description Language (DDL) eines konkreten Datenbanksystems, z. B. ORACLE, INFORMIX oder INGRES überführt. Dazu muß ein konkretes Datenbanksystem zur Verfügung stehen. Da das Relationenmodell eine mathematische Formulierung besitzt und auch die SQL-Statements der Integritätsbedingungen standardisiert sind, ist die Übertragung eines relationalen Datenbankschemas in die DDL eines relationalen Datenbanksystems ein schematischer Prozeß.

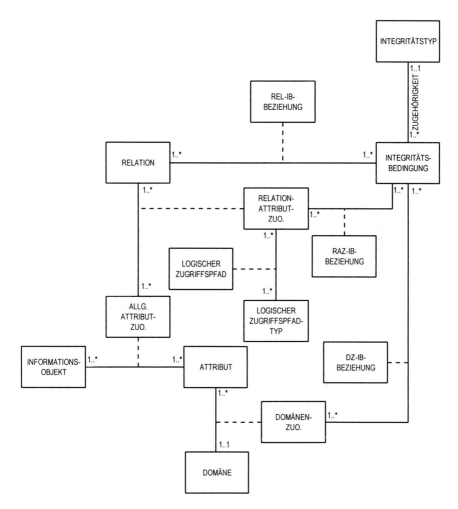

Abb. 74 SCHEMA-Definition

Werden in einer Unternehmung mehrere Datenbanksysteme parallel eingesetzt, so kann das neutral definierte Relationenschema in mehrere Datenbankverwaltungs-systeme (DBVS)-bezogene Schemata übersetzt werden. Dieser Fall ist z. B. bei Software-Häusern, die ein Produkt auf verschiedenen Datenbanksystemen anbie-ten, durchaus gegeben. Ein Schema umfaßt die auf ein Datenbankverwaltungssy-stem bezogenen Definitionen von Relationen einschließlich Integritätsbedingun-gen und Zugriffspfade. Dieser Zusammenhang wird in Abb. 74 durch Bildung des komplexen Objekttyps SCHEMA hergestellt.

A.II.3.4 Implementierung der Datensicht

Ausgangspunkt ist das DV-Konzept der Datensicht, also das konzeptionelle Datenbankschema mit den Definitionen der Relationen, Attribute und Integritätsbedingungen. Auch sind dort bereits logische Zugriffspfade auf bestimmte Attributzuordnungen anhand von groben Vorstellungen über die Häufigkeiten von Anwendungen bzw. Anfragen definiert.

Im Rahmen der Implementierung wird das konzeptionelle Schema auf ein internes Schema abgebildet. Dieses bedeutet, daß das interne Schema den gleichen Ausschnitt der Realität beschreibt wie das konzeptionelle Schema. Es wird also keine Semantik hinzugefügt. Vielmehr kann das interne Schema ohne Kenntnis des semantischen Umfeldes aus dem konzeptionellen Schema abgeleitet werden.

Die Strukturierung des internen Schemas ist Aufgabe des Datenbankadministrators. Er legt unter den zur Verfügung stehenden DV-Techniken effiziente physische Datenstrukturen an. Hierbei muß er das Nutzungsprofil der verschiedenen Anwendungen bezüglich der Daten sowie Mengenvolumen und geforderte Antwortzeiten beachten. Diese Angaben erfordern aber keine Kenntnis über den inhaltlichen Bezug der Anwendungen.

Die Eigenständigkeit der Implementierungsschicht wird auch durch die Verwendung eigener Begriffe unterstützt, die wiederum eine Entsprechung in der logischen Ebene des DV-Konzepts finden (vgl. Abb. 75). So werden die Begriffe RELATION und ATTRIBUT den Implementierungsbegriffen SATZ und FELD zugeordnet. Der Begriff SATZ steht für den Satztyp, der jeweils durch eine feste Attributkombination gekennzeichnet ist. Eine SPEICHERSEITE kann dabei unterschiedliche Satztypen umfassen. Es ist gerade Aufgabe der Optimierung durch den Datenbankadministrator, häufig zusammen benötigte Satztypen auch physisch nahe zu plazieren.

Die Ebene des DV-Konzepts kann sich von der Implementierungsebene dadurch unterscheiden, daß die Felder gegenüber den Attributen des Relationenschemas in ihrer Reihenfolge verändert werden, neue Namen erhalten, Daten komprimiert werden oder konkrete Feldformate bestehen. Weiterhin können virtuelle Felder vereinbart werden, d. h. für Felder Transformationsregeln definiert werden, wenn sich ihr Inhalt aus anderen Feldern zusammensetzt (z. B. Summenfelder).

Zwischen Relationen und Sätzen können Unterschiede auftreten, wenn Relationen in mehrere Sätze aufgeteilt werden bzw. mehrere Relationen zu einem physischen Satz zusammengefaßt werden.

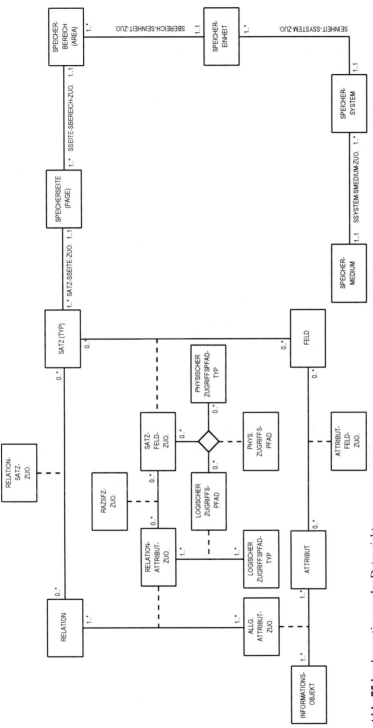

Abb. 75 Implementierung der Datensicht

Die auf der Ebene des DV-Konzepts definierten Integritäts- und Konsistenzbedingungen werden auf der physischen Ebene durch prozedurale Konstrukte konkretisiert. Weitere Ergänzungen der Implementierungsebene sind, daß konkrete physische Zugriffsmethoden den logischen Zugriffspfaden zugeordnet werden bzw. zusätzliche physische Zugriffspfade definiert werden.

Neben den Begriffen SATZ und FELD, die eine weitgehende Entsprechung bereits im DV-Konzept besitzen, werden in Abb. 75 auf der physischen Ebene die Einteilungen SPEICHERSEITE (Page) und SPEICHERBEREICH (Area) eingeführt, die weitere Organisationselemente zur Optimierung der Speicherzuordnungsstrukturen bilden. Diese gröberen Einheiten dienen als Grundlage für Datenzugriffe auf externe Speicher und zur Zuordnung zu physischen Speichereinheiten.

Die Optimierungsmöglichkeiten bezüglich Speicherseiten und Speicherbereichen ergeben sich bereits aus Plausibilitätsüberlegungen. So ist ein Speicherzugriff auf mehrere Sätze, die der gleichen Seite zugeordnet sind, effizienter als auf Sätze, die auf verschiedenen Speicherseiten verstreut sind. In der gleichen Weise ist der Zugriff auf Speicherseiten, die in einer engen numerischen Folge sind, effizienter als auf weit verstreute Speicherseiten.

Zur Referenzierung zwischen internem Modell und externem Modell sowie zur Realisierung der Speicherzuordnungsstrukturen dient die Data Storage Description Language (DSDL). Die physischen Zugriffspfade werden durch konkrete Indextabellen, Verkettungen oder Hash-Funktionen abgebildet.

Die physischen Zugriffspfade werden auf der Ebene der SATZ-FELD-ZUORDNUNG definiert. Sie sind entweder Konkretisierungen der logischen Zugriffspfade aus dem DV-Konzept oder werden auf der Implementierungsebene aufgrund der detaillierteren Kenntnis von Performance-Kriterien neu angelegt.

Die Definition der Ebene physischer Datenstrukturen folgt im wesentlichen aus dem Entwurfsziel der Datenunabhängigkeit. Geräte- und Systemsoftware-Änderungen sollen sich lediglich auf die Ebene der Implementierung auswirken, nicht aber auf das konzeptionelle Datenbankschema. Aus diesem Grunde können im Zeitablauf für ein konzeptionelles Datenbankschema auch mehrere interne Datenbankschemata bestehen. Umgekehrt kann auch ein konzeptionelles Datenbankschema geändert werden, ohne daß sich das physische Schema ändert.

A.II.4 Modellierung der Leistungssicht

Die Einordnung der Leistungssicht in das ARIS-Konzept zeigt Abb. 76.

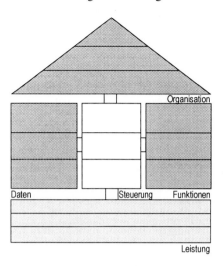

Abb. 76 Einordnung Leistungssicht in ARIS

Leistungen sind das Ergebnis von Prozessen. Gleichzeitig ist der Bedarf nach Leistungen auch die Veranlassung der Prozeßausführung. Durch diese enge Verbindung prägt die Granularität der Leistungsdefinition die Granularität der benötigten Prozesse.

Die Beschreibung der Leistungen besitzt damit eine Kernfunktion innerhalb der Geschäftsprozeßbeschreibung. Dieses gilt sowohl für die Beschreibung der Geschäftsfelder innerhalb der strategischen Planung als auch für die Leistungen innerhalb der Modellierung operativer Geschäftsprozesse.

Der Leistungsbegriff ist heterogen. Er umfaßt unterschiedliche Leistungsarten wie Sach- und Dienstleistungen und kann auf unterschiedlichen Detaillierungsebenen verwendet werden. Der Begriff Leistung wird im folgenden dem Begriff Produkt gleichgesetzt, wenn dies für Dienstleistungen auch noch etwas ungewöhnlich klingt.

Da die Leistungssicht keine spezifischen Implementierungsverfahren enthält, werden DV-Konzept und Implementierung nicht dargestellt. Zwar werden Sachleistungen wie Automobile, Maschinen bis zu Konsumgütern wie Waschmaschinen immer mehr mit Computertechnik ausgerüstet. Diese Computersysteme bilden aber eigene Informationssysteme und können selbst nach ARIS beschrieben werden. Somit wird auf die gesamte DV-Konzeptbeschreibung und Implementierung nach ARIS verwiesen.

Informationsdienstleistungen werden als Datenobjekte abgebildet. Für ihren Leistungsstatus ist allerdings eine genaue Statusdefinition des Datenobjektes erforderlich. Bezüglich des DV-Konzepts und der Implementierung wird aber ebenfalls auf die entsprechenden Ausführungen zur Datensicht verwiesen.

A.II.4.1 Fachkonzept der Leistungssicht

Die fachliche Modellierung von Sachleistungen wird in Form von Produktmodellen intensiv in Wissenschaft und Praxis betrieben. Hierbei ist insbesondere auf das STEP-Modell hinzuweisen, das als Referenzmodell für materielle Produktbeschreibungen erarbeitet wird. Es hat zum Ziel, die Gesamtheit der geometrischen, physikalischen, chemischen, funktionalen und administrativen Eigenschaften eines realen, materiellen und funktionsfähigen Produktes zu beschreiben (vgl. *Grabowski u. a., Integriertes Produktmodell 1993*). Als Beschreibungsmethode wird dabei die Datenmodellierung verwendet, so daß ein Produktmodell als Datenmodell beschrieben wird.

Gegenüber der Beschreibung materieller Güter sind Produktmodelle für Dienstleistungen erst in der Entwicklung.

Aber selbst die öffentliche Verwaltung bemüht sich im Zuge ihrer Dienstleistungsorientierung um Produktbeschreibungen. Die dort erarbeitete Produktdefinition kann wegen ihrer breiten Fassung als allgemeine Leistungs- oder Produktdefinition verwendet werden.

Definitionsbeispiele dafür sind (in leicht veränderter Form):

– Ein Produkt ist eine Leistung oder eine Gruppe von Leistungen, die von Stellen außerhalb des jeweils betrachteten Fachbereichs (innerhalb oder außerhalb der Organisation) benötigt werden *(vgl. KGSt, Das Neue Steuerungsmodell 1994, S. 11)*.

– Ein Produkt ist das, was ein Produktzentrum an einen anderen außerhalb der eigenen Organisationseinheit liefert, womit ein Bedarf des anderen gedeckt wird, unabhängig davon, ob der Bedarf freiwillig oder aufgrund einer gesetzlichen Vorgabe oder einer anderen Regelung entstanden ist, und wofür der andere im Prinzip einen Preis bezahlen müßte, ungeachtet dessen, ob dies tatsächlich geschieht *(vgl. KGSt, Wege zum Dienstleistungsunternehmen 1992)*.

Diese Produktdefinitionen beziehen sich also ausdrücklich auch auf die innerbetrieblichen Produkte, die zwischen Organisationseinheiten ausgetauscht werden.

Mit der Dokumentation eines Produktes sind Kosten verbunden, indem z. B. seine Beschreibung erfaßt, sein Lagerbestand verwaltet wird oder es Gegenstand von Kostenkalkulationen ist. Ob ein bestimmter Leistungszustand als Produkt bezeichnet wird, ist zweckbezogen.

Bei materiellen Produkten werden z. B. nicht nach jedem Arbeitsgang neue Produktbezeichnungen vergeben, sondern erst nach Erreichen eines bestimmten Zustandes, bei dem die Produktdefinition, z. B. zur Lagerführung, erforderlich ist (vgl. Abb. 77, *vgl. auch Scheer, Wirtschaftsinformatik 1997, S. 154*). Dieses gilt auch dann, wenn mit jeder Bearbeitung eines Arbeitsgangs ein Abteilungswechsel verbunden ist. Die Zwischenzustände werden dann durch die Information über den abgeschlossenen Arbeitsgang gekennzeichnet. Auch bei Verwaltungsabläufen wird nicht nach jedem Bearbeitungsvorgang ein neuer Produktname vergeben.

Für die Prozeßmodellierung hat jede Zustandsänderung nach einer Funktionsausführung Produktcharakter, wenn ein Kunden-Lieferanten-Verhältnis zur nächsten Bearbeitungsfunktion bzw. deren Organisationseinheit besteht.

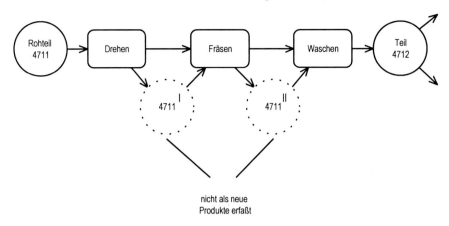

Abb. 77 Produktdefinitionen

Die Aufteilung des generellen Leistungs- bzw. Produktbegriffs in Sach- und Dienstleistungen und letztere wiederum in Informations- und sonstige Dienstleistungen zeigt Abb. 78. Der generelle Trend zur Dienstleistungs- und Informationsgesellschaft betont bei Produkten immer mehr die nichtmateriellen Eigenschaften, so daß immer mehr materielle Produkte mit Dienstleistungen verknüpft werden.

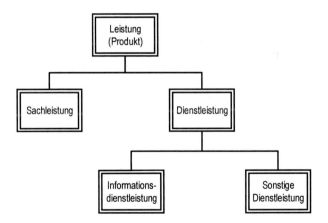

Abb. 78 Leistungs- bzw. Produktarten

Die Leistungssicht wird durch die Modellierung von Produktstrukturen beschrieben. Zur Modellierung der Leistungssicht werden Produktbäume (bzw. Produktnetze) mit der logischen Kantenbeziehung „besteht aus" („part of") verwendet.

Gegenüber einem Produktdatenmodell wird mit der Produktstruktur lediglich eine eingeschränkte Semantik verwendet, die bei einem Produktdatenmodell um wesentlich vielfältigere und detailliertere Tatbestände wie Herstellvorschriften, Geometrie usw. erweitert wird. Die unterschiedlichen Modellierungsebenen sind mit einigen Beispielen, die typische Modellierungsobjekte zeigen, in Abb. 79 dargestellt.

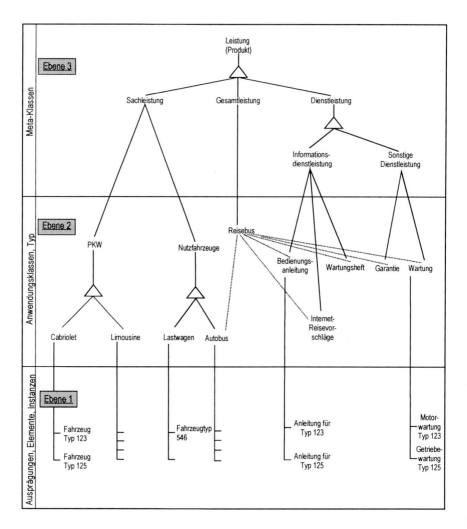

Abb. 79 Modellierungsobjekte der Leistungssicht

Die Beispiele zeigen verschiedene Subklassen der Modellierungsebene 2, die Produktstruktur durch Produktbäume und die Verknüpfung von Sach- und Dienstleistungen. Die Gesamtleistung Reisebus besteht aus Sach- und Dienstleistungen. Die Part-Of-Beziehung definiert auf der Ebene 2 ihre Zusammensetzung und ist gestrichelt eingezeichnet.

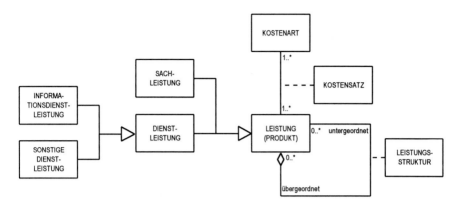

Abb. 80 Meta-Modell der Leistungssicht

Auf der Meta-Ebene wird in Abb. 80 zunächst die allgemeine Klasse LEISTUNG oder PRODUKT eingeführt mit ihren Subklassen SACH- und DIENSTLEI-STUNG. Die Objekte der Modellierungsebene 2 sind Instanzen dieser Klassen. Die Leistungszusammensetzung wird durch die Assoziation LEISTUNGS-STRUKTUR ausgedrückt, die die Part-Of-Beziehungen der Ebene 2 als Instanzen enthält. Zur Verdeutlichung sind in Abb. 81a und b einige Beispiele für Produkt-modelle der Modellierungsebene 2 angegeben.

Während bei den anderen ARIS-Sichten die Modellierung der Instanzenebene die Ausnahme der Geschäftsprozeßmodellierung ist, gilt dieses für die Leistungs-sicht nicht. Hier bestehen für Sachleistungen in Industriebetrieben umfangreiche Produktkataloge, in denen die Ausprägungen von End-, Zwischen- und Aus-gangsprodukten in Form von Teilestamm- und Strukturdateien detailliert be-schrieben sind.

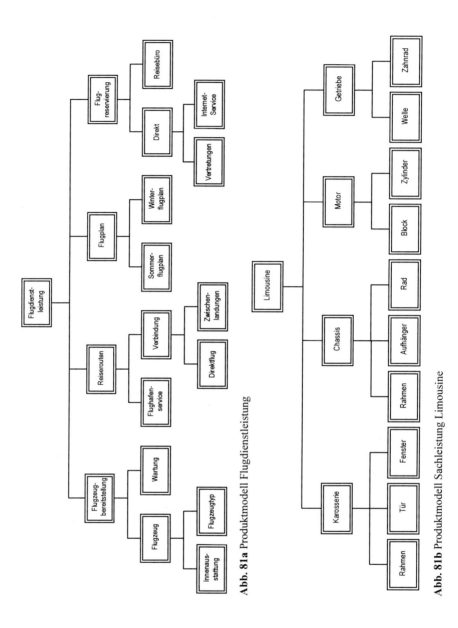

Abb. 81a Produktmodell Flugdienstleistung

Abb. 81b Produktmodell Sachleistung Limousine

Abb. 82 zeigt eine verkürzte Darstellung des Limousinen-Beispiels auf der Instanzenebene. Diese Leistungsbeschreibungen werden von Produktionsplanungs- und -steuerungssystemen verwaltet. Aber auch in Dienstleistungsorganisationen besteht der Trend, nicht nur Leistungsklassen der Ebene 2 zu definieren, sondern auch die Ausprägungen in Produktmodellen als Stammdaten zu erfassen. So ist bekannt, daß die Stadt Berlin in einer Studie über 10.000 Produkte als Verwaltungsleistungen definiert hat.

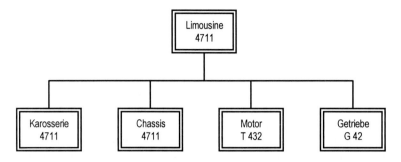

Abb. 82 Produktmodell „Limousine 4711" (Ausprägungsebene)

Leistungen werden mit den zu ihrer Erstellung benötigten Kosten bewertet.

Werden den Leistungen quasi Kostenrucksäcke aufgeschnürt, dann wird auch durch den Leistungsfluß der Kostenfluß beschrieben. In dem Meta-Modell der Abb. 80 wird durch die Klasse KOSTENART die den Leistungen zuzuordnenden Kostenkategorien wie Material-, Personal- und Energiekosten beschrieben. Die Assoziation KOSTENSATZ enthält dann konkrete Durchschnittswerte einer Kostenart für eine Leistungsart oder Anteilsätze der Kostenart an den Gesamtkosten der Leistung.

Informationsdienstleistungsobjekte wie Bescheinigungen, Bedienungsanleitungen usw. werden durch Datenobjekte repräsentiert und sind somit Bestandteil der ARIS-Datensicht. In der Leistungssicht werden sie als Input bzw. Output einer Funktion identifizierbar dargestellt. In der Datensicht müssen diese Darstellungen durch entsprechende Datenobjektdefinitionen erfüllt werden.

Wie auch bei den anderen Sichten bestehen damit Überschneidungen zwischen der ARIS-Leistungssicht und der Datensicht. Für materielle Leistungen werden Produktstrukturen und auch Klassifizierungen von PPS-Systemen verwaltet. Dort sind sie in Datenbanken beschrieben. Dienstleistungsinformationen sind dagegen nicht in gleichem Maße in Anwendungssystemen enthalten.

In der Leistungsbeschreibung werden gegenüber der Produktverwaltung von PPS-Systemen lediglich solche Informationen benötigt, die für die organisatorische Optimierung der Prozesse oder der Workflow-Unterstützung erforderlich sind. Im Rahmen der PPS-Anwendungen können dagegen wesentlich detailliertere Attribute und Datentypen verwendet werden.

Während in der Leistungssicht das Produkt logisch repräsentiert wird, wird in der Datensicht quasi seine physische Darstellung erfaßt. Trotzdem bleibt festzuhalten, daß enge Beziehungen zwischen der ARIS-Leistungssicht und der Produktbeschreibung materieller Leistungen von PPS- und CAD-System bestehen. Bei einer redundanzfreien Organisation können dann z. B. Leistungsinstanzen aus einem PPS-System zur ARIS-Instanzenmodellierung verwendet werden. Umgekehrt kann das ARIS-Toolset als Frontend eines Stücklistensystems zur grafischen Dateneingabe und Ausgabepräsentation eingesetzt werden.

A.II.4.2 Leistungskonfiguration

Die Prozeßleistungen werden zur Ausrichtung eines Prozeßkostenrechnungssystems auf bestimmte Kostenträger benötigt. Die Leistungsmodelle werden bei der Kapazitätssteuerung zur Definition von Leistungsbereichen verwendet.

Bei der Workflowsteuerung werden insbesondere Informationsdienstleistungen in Form der zu transportierenden Mappen benötigt. Aus den Klassenbeschreibungen der Ebene 2 werden die Ausprägungsinformationen durch Kopieren erzeugt.

Bei Sachleistungen liegen in Industriebetrieben dagegen die Instanzenmodelle als Stücklisten vor. Werden keine auftragsbezogenen Ergänzungen vorgenommen, so genügt bei der Anlage der Produktausprägungen des Workflow-Modells wegen der Überschneidung zwischen Leistungs- und Datensicht ein Hinweis auf die Instanzenmodelle der PPS-Systeme.

Werden dagegen auftragsbezogene Ergänzungen benötigt, so werden in den Workflow-Ausprägungen zusätzliche Attribute angelegt und gepflegt.

Das Leistungsmodell wird bei der Konfiguration von Standardsoftware für die globale Ausrichtung der benötigten Prozesse eingesetzt. Je nachdem, ob in einer Unternehmung Dienstleistungen erzeugt, Handelswaren abgesetzt oder Produkte produziert werden, werden unterschiedliche Prozesse benötigt. In dem Business Engineer des SAP R/3-Systems werden für die ersten zwei Ebenen der Systemkonfiguration, der Definition von Industrieszenarien und der Bestimmung von benötigten Prozeßvarianten, Informationen über die Leistungsarten benötigt (vgl. Abb. 83 und Abb. 84).

Bei nicht workflow-gesteuerter Standardsoftware wird die Leistungssicht nicht explizit dokumentiert. Die Objekte der Informationsdienstleistungen sind zwar als Datenobjekte in der Datensicht enthalten, sind aber nicht als explizit definierte Deliverables der Funktionen und Prozesse erkennbar.

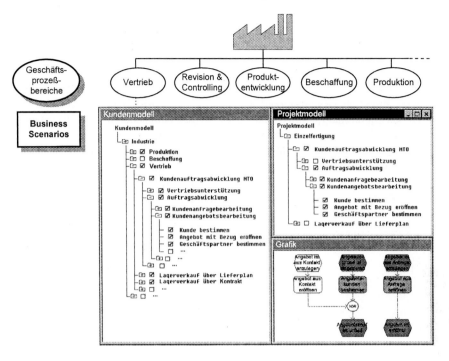

Abb. 83 Auswählen von Business Scenarios
(in Anlehnung an Schröder, Business Engineer 1997)

Business Scenario auswählen:
• Veranschaulicht grafisch einen typischen Geschäftsprozeß in einem ausgewählten Geschäftsfeld

• Logische und zeitliche Anordnung der Funktionen und Ereignisse der gesamten Geschäftsprozeßkette

❶ **Business Scenario**

❷ Prozeßvariante

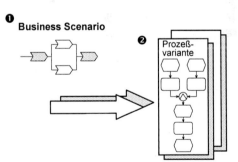

Prozeßvariante bewerten:
• Nur die für das gewählte Business Scenario relevanten Funktionen und Ereignisse

Abb. 84 Konfiguration von Prozessen
(in Anlehnung an Schröder, Business Engineer 1997)

A.III   Modellierung der Beziehungen zwischen den Sichten (Steuerungssicht)

Aufgabe der Steuerungsmodellierung ist es, die zunächst getrennt behandelten Sichten (Funktion, Organisation, Daten und Leistung) wieder zu verbinden.

Dieses gilt einmal für strukturelle Beziehungen, zum anderen werden Zustandsänderungen beschrieben und damit das dynamische Verhalten des Systems abgebildet. Es werden zunächst Methoden zur Beschreibung der paarweisen Beziehungen zwischen den Sichten betrachtet und anschließend die Verbindung aller vier Sichten. Innerhalb dieser Gliederungspunkte wird wieder dem Life-Cycle-Modell Fachkonzept, Konfiguration, DV-Konzept und Implementierung gefolgt.

A.III.1   Beziehungen zwischen Funktionen und Organisation

Die Einordnung der Beziehungen zwischen den Sichten Funktionen und Organisation zeigt Abb. 85.

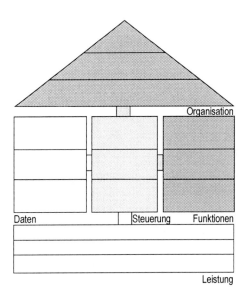

Abb. 85 Beziehungen zwischen Funktionen und Organisation

Die grundsätzliche Beziehung zwischen einer fachlichen Funktion und einer Organisationseinheit zeigt Abb. 86. Der Zusammenhang kann aber verschiedene semantische Bedeutungen umfassen. Auch können unterschiedliche Ausgangsmodelle und Abgrenzungen für die Funktionszuordnung bestehen.

Abb. 86 Allgemeine Beziehung zwischen Organisation und Funktion

A.III.1.1 *Fachkonzeptmodellierung*

A.III.1.1.1 Funktions-Organisationszuordnungsdiagramme

Die Beziehungen zwischen Funktionen und Organisation können auf unterschiedlichen Detaillierungsebenen dargestellt werden.

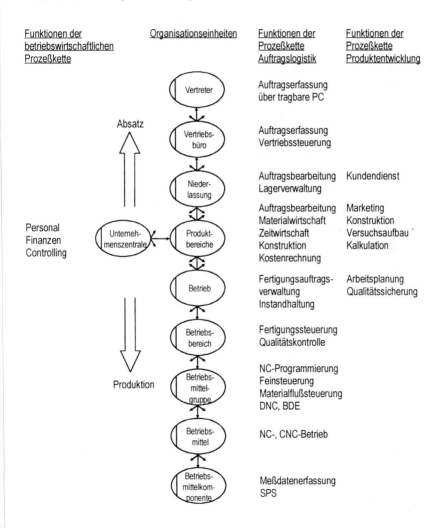

Abb. 87 Funktionsebenenmodell

A.III.1.1.2 Use-Case-Diagramm (Anwendungsfalldiagramm)

Use-Case-Diagramme sind Bestandteil der UML und werden zur Zeit in den UML Process Specific Extensions weiter ausgearbeitet.

Ein Use-Case-Diagramm beschreibt, wie Organisationseinheiten als Aktoren mit Funktionen kommunizieren. Der Begriff Use Case ist dabei unscharf. Er beschreibt einen Ausschnitt aus einem Geschäftsprozeß, der in einem Arbeitsablauf, also ohne größere zeitliche und örtliche Unterbrechungen, ausgeführt wird. Use Cases dienen zur fachlichen Annäherung an einen komplexen Tatbestand wie einen Geschäftsprozeß. In Abb. 91 ist ein Beispiel aus einem Use-Case-Diagramm angegeben *(vgl. zu weiteren Beispielen, Oestereich, Objektorientierte Software-entwicklung 1997, S. 215 f.).*

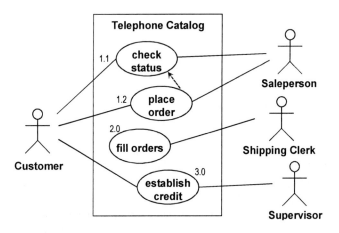

Abb. 91 Use-Case-Diagramm
(aus UML Notation Guide 1997, Fig. 33)

Der insgesamt zu beschreibende Tatbestand wird in einem Use-Case-Diagramm eingerahmt. In ihm sind die einzelnen Use Cases eingeordnet. Die jeweils durch eine Ellipse dargestellte Use-Case-Funktion entspricht nach der hier verfolgten Definition einer Elementarfunktion. Die Beziehungen zwischen den Aktoren und den Funktionen werden durch Linien dargestellt und allgemein als Kommunikation bezeichnet. Die einzelnen Anwendungsfälle sind numeriert (in Abb. 91 gegenüber dem Original ergänzt). Enge Beziehungen zwischen Anwendungsfällen, durch die z. B. angedeutet werden soll, daß ein Anwendungsfall einen anderen voraussetzt oder sogar umfaßt (benutzt), können durch gestrichelte Pfeile zwischen den Funktionen angegeben werden. Dieses ist in Abb. 91 durch den Pfeil zwischen Auftragsabschluß und Status Check angegeben (gegenüber dem Original ergänzt).

In dem ARIS-Verständnis ist ein Use-Case-Diagramm eine Verbindung zwischen dem Organisationsmodell (Definition der Aktoren) und dem Funktionsmodell und ist deshalb in dem Meta-Modell der Abb. 89 enthalten. Es wird in

Abb. 92 um die Zusammenfassung der Use Cases zu einem Use-Case-Diagramm ergänzt. Der Inhalt eines Use Case wird häufig durch Texte beschrieben und durch Sequenzdiagramme detailliert (s. u.).

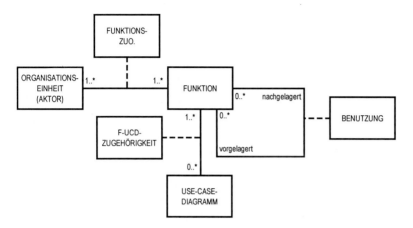

Abb. 92 Meta-Modell für Use-Case-Diagramm

A.III.1.2 Konfiguration

Die organisatorische Funktionszuordnung ist für die Systemkonfiguration von größter Bedeutung.

Für die Prozeßkostenrechnung wird die Zuteilung von Funktionen zu den Kostenstellen als Organisationseinheiten bei der Funktionsanalyse benötigt. Sie ist Basis zur Berechnung der Funktionskostensätze in einer Kostenstelle.

Für die Zeit- und Kapazitätsplanung definiert die Funktionszuordnung den grundlegenden Zusammenhang, welche Funktionen in einem Geschäftsprozeß welchen Kapazitätseinheiten zugeteilt werden.

Die Steuerung des Workflow basiert auf der organisatorischen Funktionszuordnung. Hierdurch wird geregelt, in welche Briefkörbe eine zu bearbeitende Funktion vom Workflow-System eingestellt wird. Die differenzierten Funktionszuordnungen wie informieren, beteiligt, unterschriftsberechtigt, bearbeitet usw. regeln die konkrete Funktionsauslösung.

Bei der Makrokonfiguration bestimmt die Organisations-Funktionszuordnung den organisatorischen Dezentralisierungsgrad eines Standardsoftware-Systems. Häufig ist dieses aber programmtechnisch fest geregelt, d. h. in den Programmen ist bereits festgelegt, ob z. B. eine Bedarfsauflösung in einem PPS-System zentral auf Werksebene oder dezentral auf Werksbereichsebene angesiedelt ist. Um eine stärkere organisatorische Flexibilität zu ermöglichen, ist aber eine freie Konfiguration der Organisations-Funktionszuordnung zu fordern.

Bei der Mikrokonfiguration regelt die Organisations-Funktionszuordnung die Sichtweise des Benutzers auf die Systemfunktionen. Sie bestimmt deshalb den

Integrationsgrad des Arbeitsablaufs an den einzelnen Arbeitsplätzen. In Abb. 93a bis d ist dazu ein Beispiel aus der Materialwirtschaft angegeben. Es werden die Organisationsstrukturen und zugehörenden EPK gezeigt.

In den Fällen a und b sind Wareneingang und Lagerzugang organisatorisch getrennt, so daß auch die Warenerfassungen von verschiedenen Personen ausgeführt werden. Vor dem Lager bildet sich ein Pufferbereich, aus dem der Sachbearbeiter die zu erfassende Ware auswählt. Es sind somit zwei Erfassungsmasken mit Auswahlfunktionen der zu bearbeitenden Waren erforderlich. In den Fällen c und d werden dagegen Wareneingang und Lagerzugang organisatorisch zusammengelegt. Damit ist nur noch eine Erfassungsmaske erforderlich, und der zweite Auswahlvorgang entfällt. Der funktionale Ablauf ist in beiden Fällen gleich - lediglich die unterschiedliche Organisationszuordnung führt zu anderen Abläufen mit Auswirkungen auf Maskengestaltung und Auswahlsteuerung.

Ein Konfigurationssystem für Standardsoftware sollte in der Lage sein, die Benutzertransaktionen und Bildschirmmasken entsprechend der Funktionszuordnung zusammenzusetzen. Dieses eröffnet einmal große organisatorische Flexibilität der Anwendungssoftware und zum anderen die Unterstützung der Produktivität der einzelnen Arbeitsplätze durch die angepaßte Transaktionssteuerung und Maskengestaltung. Eine fachbezogene Konfigurierbarkeit der Funktions-Organisations-zuordnung besitzt im Rahmen des User Centered Computing deshalb eine zentrale Bedeutung. Sie wird bereits von modellgetriebener Standardsoftware unterstützt *(vgl. IDS, ARIS-Applications 1997).*

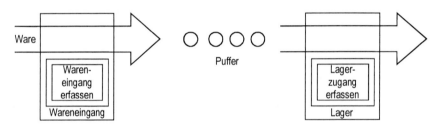

Abb. 93a Materialwirtschaft-Beispiel für die organisatorische Trennung von Funktionen

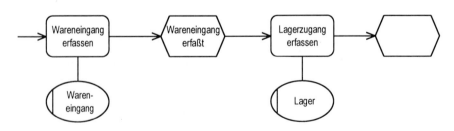

Abb. 93b EPK zum Beispiel der **Abb. 93a**

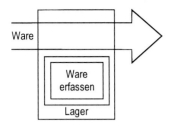

Abb. 93c Materialwirtschaft-Beispiel für die organisatorische Zusammenlegung
von Funktionen

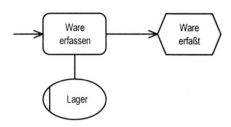

Abb. 93d EPK zum Beispiel der **Abb. 93c**

Auch die im Fachkonzept definierten Benutzerberechtigungen dienen zur Konfiguration der Anwendungssysteme. Als Berechtigungstypen gelten z. B. die Er-
laubnis, bestimmte Module oder Eingabe- und Ausgabemasken aufzurufen oder in
den Verteiler von Listen aufgenommen zu werden.

In Abb. 94 sind zwei Formen der Konstruktion von BENUTZERBERECHTI-
GUNGEN abgebildet. Die einzelnen Gegenstände der Berechtigungen werden als
PROGRAMMOBJEKTE bezeichnet, die Generalisierungen von MODULEN,
MASKEN und LISTEN sind. Werden die einzelnen Berechtigungsfunktionen pro
Benutzer in Form einer Berechtigungsmatrix zugeteilt, so bildet die BENUT-
ZERBERECHTIGUNG eine Assoziation zwischen den Klassen BERECHTI-
GUNGSTYP, ORGANISATIONSEINHEIT (BENUTZER) und PROGRAMM-
OBJEKT. Benutzer, die das gleiche Berechtigungsprofil besitzen, werden somit
individuell charakterisiert. Dieses führt zu einer recht aufwendigen und redun-
danten Verwaltung.

Die zweite dargestellte Form vermeidet diese Redundanzen. Zunächst werden
einem PASSWORT über PASSWORTBERECHTIGUNG bestimmte Berechti-
gungsprofile zugeordnet, die dann über die Assoziationsklasse BENUTZER-
PASSWORT-ZUORDNUNG mit Benutzergruppen bzw. einzelnen Benutzern
verbunden werden. Durch diese indirekte Definition wird die Redundanz der
Angaben erheblich verringert.

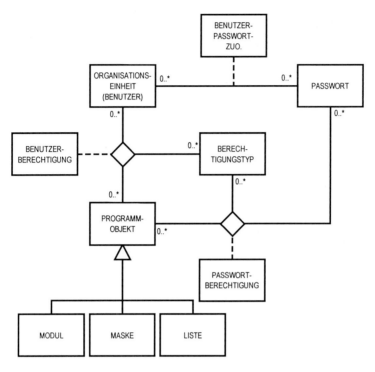

Abb. 94 Konfiguration von Benutzerberechtigungen

A.III.1.3 DV-Konzept

Bei dem Entwurf des DV-Konzepts werden PROGRAMMOBJEKTE (Module, Business Objects, Benutzer-Transaktionen, Masken) einzelnen KNOTEN eines Rechnernetzes zugeordnet. Dieses kann einmal die physische Speicherung betreffen oder aber den Zugriff über Standards wie Remote Procedure Call, CORBA, DCOM bzw. Herstellerzugriffe wie RFC (SAP) oder ALE (SAP). In Abb. 95 gibt die Klasse ZUORDNUNGSTYP diese unterschiedlichen Möglichkeiten an.

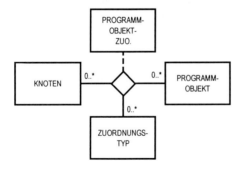

Abb. 95 Speicherungs- und Zugriffszuordnung

A.III.2 Beziehungen zwischen Funktionen und Daten

Abb. 96 zeigt die Einordnung der Beziehungen zwischen Funktionen und Daten in das ARIS-Haus.

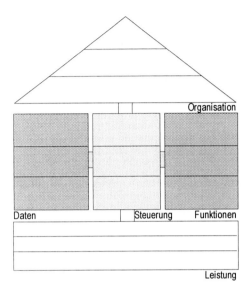

Abb. 96 Beziehungen zwischen Funktionen und Daten

Bei der Ableitung der Datensicht aus dem allgemeinen ARIS-Geschäftsprozeßmodell werden zwei Beziehungsarten zwischen Funktionen und Daten herausgestellt:

– Funktionen bearbeiten Daten, indem sie Input-Daten in Output-Daten transformieren.
– Ereignisse sind (Daten-) Zustandsänderungen und werden von Funktionen erzeugt. Nachrichten drücken aus, daß die Zustandsänderungen erkannt worden sind, geben sie an nachfolgende Funktionen weiter und aktivieren diese.

Insbesondere der erste Punkt hat dazu geführt, daß viele Entwurfsmethoden eine enge Verbindung zwischen Daten und Funktionen beinhalten. Dieses gilt für traditionelle Methoden wie Structured Analysis and Design Technique (SADT) oder DeMarco-Diagramme - aber auch für objektorientierte Klassendiagramme.

Die Ereignissteuerung von Funktionen steht im Zentrum der Beschreibung des Systemverhaltens.

A.III.2.1 Fachkonzeptmodellierung

A.III.2.1.1 Funktionen-Datenzuordnungen

A.III.2.1.1.1 Objektorientierte Klassendiagramme

Klassendiagramme beschreiben die Systemstruktur des objektorientierten Fachentwurfs. Eine Klasse wird durch ihre Definition, Attribute und die auf die Klasse anzuwendenden Methoden beschrieben. Dem bei der objektorientierten Analyse üblichen Begriff Methode wird der Begriff Funktion gleichgesetzt. Da die Klassen häufig Datenklassen sind (z. B. KUNDEN, LIEFERANTEN, AUFTRAG), repräsentieren sie die Verbindung zwischen Daten- und Funktionssicht. Weiter gehört zum Klassendiagramm die Beschreibung der zwischen den Klassen bestehenden Assoziationen und Restriktionen.

Das Verhalten des Systems wird durch dynamische Modelle beschrieben, die insbesondere den Nachrichtenaustausch zwischen den Objekten sowie die Interaktion zwischen den Methoden in einem Objekt umfassen. Diese werden unter dem Gliederungspunkt Ereignissteuerung behandelt.

Da bei der Beschreibung der isolierten Datensicht bereits einige Eigenschaften objektorientierter Klassenbildung implizit verfolgt wurden, besteht eine enge Beziehung zwischen den Fachentwürfen. Es brauchen deshalb die Eigenschaften der objektorientierten Klassenbildung nur knapp aufgeführt zu werden.

Die Objektorientierte Analyse (OOA) ist noch keine standardisierte Methode; vielmehr gibt es eine Reihe von Autoren, die ähnliche oder sich ergänzende Ansätze entwickelt haben (z. B. *Coad/Yourdon, Object-Oriented Analysis 1991; Booch, Object-oriented Design 1991; Rumbaugh u. a., Object-Oriented Modeling and Design 1991; Jacobsen, Object-Oriented Software Engineering 1996)*. Besonders ärgerlich sind die unterschiedlichen grafischen Symbole der Ansätze, die eine Vergleichbarkeit unnötig erschweren.

Mit der UML der Autoren Rumbaugh, Booch und Jacobsen wird eine Vereinheitlichung der OOA-Ansätze angestrebt. Ihrer Symbolik wird deshalb gefolgt.

Ein Objekt wird durch Eigenschaften (Attribute) beschrieben und besitzt eine Identität, ausgedrückt durch eine Identnummer. Das Verhalten des Objektes wird durch die Funktionen (Methoden), die auf das Objekt ausgeführt werden können, erklärt. Ein Objekt stellt also eine Instanz dar und wird grafisch durch ein Rechteck beschrieben (vgl. Abb. 97a).

Objekte mit gleichen Attributen, gleicher Funktionalität und gleicher Semantik werden zu Objektklassen oder einfach Klassen zusammengefaßt. Die Menge der Kunden bildet dann die Klasse KUNDE (vgl. Abb. 97b).

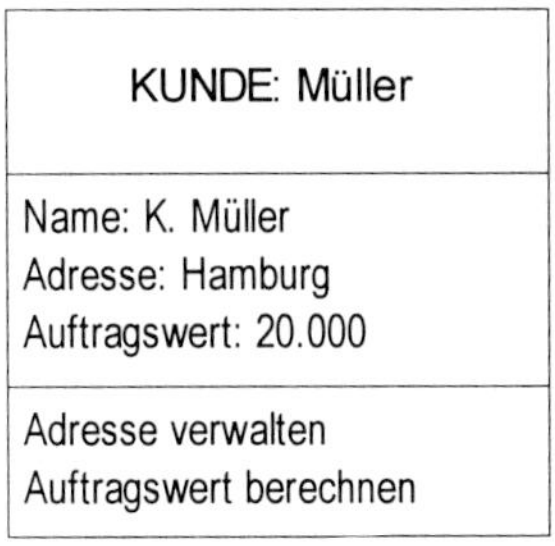

```
┌─────────────────────────────┐
│  KUNDE: Müller              │
├─────────────────────────────┤
│  Name: K. Müller            │
│  Adresse: Hamburg           │
│  Auftragswert: 20.000       │
├─────────────────────────────┤
│  Adresse verwalten          │
│  Auftragswert berechnen     │
└─────────────────────────────┘
```

Abb. 97a Objektdarstellung

```
┌─────────────────────────────┐
│          KUNDE              │
├─────────────────────────────┤
│  Name                       │
│  Adresse                    │
│  Auftragswert               │
├─────────────────────────────┤
│  Adresse verwalten,         │
│  Auftragswert berechnen     │
└─────────────────────────────┘
```

Abb. 97b (Objekt-)Klasse

Eine Klasse definiert durch Angabe der Attribute und Methoden die Eigenschaften und das Verhalten ihrer Instanzen, also der Objekte. Da Attribute und Methoden eine Einheit bilden, realisiert eine Klasse das Prinzip der Kapselung. Neben den Attribut- und Methodendefinitionen für die Objekte gibt es auch Klassenattribute und Klassenmethoden, die nur für die Klasse selbst, aber nicht für die Objekte gelten. So z. B. die Anzahl der Kunden und das Anlegen eines neuen Kunden.

Eine wichtige Eigenschaft des objektorientierten Ansatzes ist die Vererbung. Dieses bedeutet, daß eine Klasse über die Eigenschaften (Attribute) und das Verhalten (Methoden) einer anderen Klasse verfügen kann. Die geerbten Attribute und Methoden können von der erbenden Klasse überschrieben und redefiniert werden.

Die Vererbung erfolgt innerhalb einer Klassenhierarchie, d. h. die Klassen stehen im Verhältnis Unter- zu Oberklasse, wie dieses bei der Datenmodellierung durch die Generalisierungs-/Spezialisierungsoperation zum Ausdruck gebracht wird. (vgl. Abb. 98).

Eine Klasse kann auch von mehreren übergeordneten Klassen erben (Mehrfachvererbung). Das Klassendiagramm bildet dann ein Netzwerk.

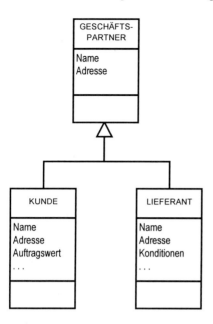

Abb. 98 Vererbung

Neben der Generalisierungsbeziehung zwischen Klassen gibt es mit der Assoziation auch Beziehungen zwischen den Objekten gleichrangiger Klassen bzw. zwischen Objekten derselben Klasse. Assoziationen entsprechen den Relationships im ERM. Sie werden aber lediglich durch eine Linie dargestellt (vgl. Abb. 99a).

Die Leserichtung sollte von links nach rechts sein. Einer Assoziation werden Kardinalitäten zugeordnet.

Den Assoziationen können an ihren Enden jeweils Rollennamen zugeordnet werden (Käufer, vorhandener Artikel, vgl. Abb. 99a). Besitzen Assoziationen Attribute, so werden sie als Klasse dargestellt (vgl. in Abb. 99b die Klasse KAUFVORGANG). Beim ERM ist diese Unterscheidung nicht notwendig, da jede Assoziation (Relationship) auch Attributträger sein kann.

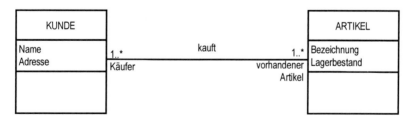

Abb. 99a Assoziation

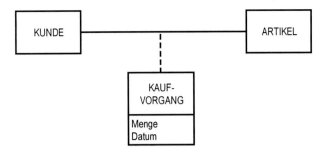

Abb. 99b Assoziation als Klasse

Eine besondere Form der Assoziation ist die Aggregation. Sie beschreibt die Part-Of-Beziehung zwischen den Objekten zweier Klassen. In Abb. 100 ist dieses durch die Klassen AUFTRAG und AUFTRAGSPOSITION dargestellt.

Auch Aggregationen können mit Rollennamen versehen werden. Werden der Aggregation Attribute zugeordnet, so bildet sie wiederum eine eigene Klasse, wie dieses die Klasse STRUKTUR als Aggregationsbeziehung der Stücklistendarstellung zeigt.

Bei einer Aggregation bestehen gegenüber der Assoziation Hierarchien zwischen den Klassen, deshalb wird auch von einer gerichteten Assoziation gesprochen.

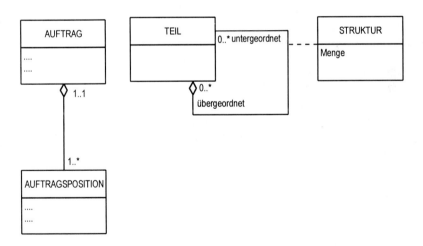

Abb. 100 Aggregationen

Mit der Klassendefinition, der Vererbung, der Assoziation und der Aggregation sind die wesentlichen Struktureigenschaften der objektorientierten Analyse beschrieben.

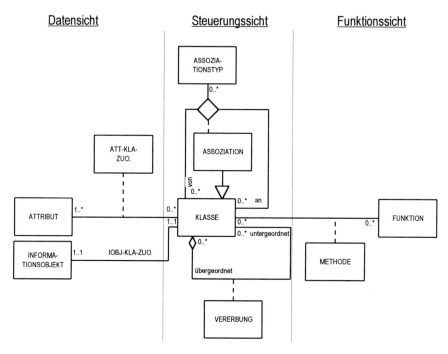

Abb. 101 Meta-Modell der Struktur der objektorientierten Analyse

In Abb. 101 ist das grobe Meta-Modell des Strukturmodells der Klassendiagramme entwickelt. Im Mittelpunkt steht der Begriff KLASSE. Da die Klassen in der Regel Datenklassen sind, wird eine 1:1-Assoziation zum Begriff INFORMATIONSOBJEKT aus der ARIS-Datensicht hergestellt. Den Klassen sind die ATTRIBUTE der INFORMATIONSOBJEKTE aus der Datensicht zugeordnet. Die den Klassen zugeordneten Methoden werden der Funktionssicht entnommen.

Die Zuordnungen werden jeweils auf die höchsten Klassen innerhalb der Vererbungshierarchie bezogen. Die Vererbung bzw. Subklassenbildung wird durch die Assoziation VERERBUNG ausgedrückt.

Die unabhängige Assoziation und die gerichtete Assoziation der Aggregation werden durch den ASSOZIATIONSTYP unterschieden, der zu der Assoziation ASSOZIATION führt. Da es auch mehrwertige Assoziationen gibt, werden die Obergrenzen der Kardinalitäten mit * angegeben. Da eine Assoziation als Attributträger auch eine Klasse sein kann, wird die Assoziationsklasse auch als spezialisierte Klasse geführt.

In dem UML-Vorschlag ist ein ausführliches Meta-Modell beschrieben. Zur Beschreibung wird ebenfalls ein Ausschnitt der Sprache UML eingesetzt. Im wesentlichen sind es die auch in dieser Arbeit verwendeten Klassendiagramme (i. d. R. ohne Methoden), Assoziationen und Packages, wobei ein Package eine Zusammenfassung von Modellkonstrukten ist.

Die Meta-Beschreibung umfaßt in den generalisierenden Teilen (Core Concepts) auch Ausführungen, die in dem ARIS-Ebenenkonzept der Meta^2-Ebene zugeordnet sind *(vgl. Scheer, ARIS - Vom Geschäftsprozeß zum Anwendungssystem 1998, S. 120-125).* Einen Eindruck von Darstellungsweise und Detaillierungsgrad gibt das Meta-Modell für Klassendiagramme der UML in Abb. 102.

Zur Abgrenzung zum UML-Meta-Modell bietet das ARIS-Meta-Modell:

1. Eine stärkere Strukturierung, da es nach den ARIS-Sichten und dem ARIS-Life-Cycle entwickelt ist.
2. Erweiterte Methoden, da nicht ausschließlich objektorientierte Methoden dargestellt werden.
3. Eine Erweiterung der Modellierung auf mehr betriebswirtschaftliche Anwendungen wie strategische Planung usw.

Insofern bildet das ARIS-Meta-Modell eine Ergänzung zum UML-Meta-Modell, das stärker auf die Implementierung ausgerichtet ist.

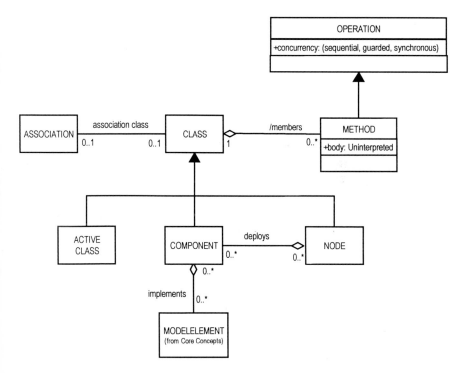

Abb. 102 Meta-Modell der Klassendefinition in UML
(nach UML Semantics 1997, S. 35, 44)

A.III.2.1.1.2 Funktionszuordnungsdiagramme

Bei Klassendiagrammen sind den (Daten-)Klassen die Funktionen fest zugeordnet. Sollen Funktionen dagegen unabhängig von Daten modelliert werden, so wird über Funktionszuordnungen eine *:*-Assoziation gebildet. Eine Funktion kann dann auch mehreren Datenobjekten zugeordnet werden. Bei dieser Verwaltung können quasi Funktionsobjekte gebildet werden, für die auch Vererbungsprinzipien gelten können. Eine unabhängige Bildung von Daten- *und* Funktionsobjekten mit freier Zuordnungsmöglichkeit ermöglicht eine besonders redundanzfreie objektorientierte Darstellung und verbindet sichtenorientierte mit klassisch-objektorientierter Modellierung.

Das Meta-Modell des Funktionszuordnungsdiagramms ist in Abb. 103 dargestellt.

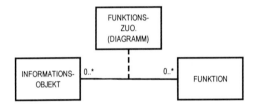

Abb. 103 Meta-Modell Funktionszuordnungsdiagramm

A.III.2.1.1.3 Datenfluß

Bei objektorientierten Klassendiagrammen stehen die (Daten-)Klassen im Vordergrund der Betrachtung. Ihnen werden die auf sie anzuwendenden Methoden zugeordnet.

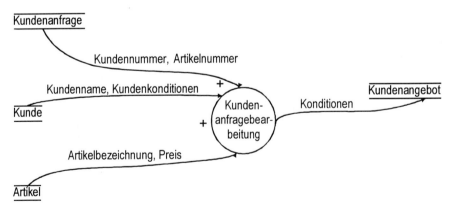

Abb. 104 DeMarco-Datenflußdiagramm der Kundenanfragebearbeitung

Bei Datenflußdiagrammen stehen dagegen eher die Funktionen im Vordergrund. Sie transformieren Input-Daten in Output-Daten. Bei der traditionellen funktionsbezogenen Programmierung haben Datenflußdiagramme auf unterschiedlichem Detaillierungsgrad eine hohe Bedeutung beim Entwurf des Fachkonzepts. Abb. 104 beschreibt die Kundenanfragebearbeitung als DeMarco-Datenflußdiagramm. Die Informationsobjekte werden durch Doppelstriche dargestellt. Die von der Funktion benötigten wesentlichen Attribute werden den Pfeilen zugeordnet. Der Ansatz wurde von Ward und Mellor auf Real-Time-Systeme ausgeweitet (*vgl. Ward/Mellor, Real-Time Systems 1985*).

Der Datenfluß wird durch die Assoziationsklasse OPERATION zwischen FUNKTION und ALLG. ATTRIBUTZUORDNUNG des Meta-Datenmodells der Abb. 105 abgebildet. Die Klasse OPERATION ermöglicht es weiter, die von einer fachlichen Funktion auf Attribute ausführbaren Operationen detaillierter darzustellen. Diese Operationen sind im einzelnen:

– Anlegen eines Datenelements (create),

– Löschen eines Datenelements (delete),

– Ändern eines Datenelements (update),

– Lesen eines Datenelements (read only).

Dabei ist es sinnvoll, jeweils die höchste Operationsstufe für ein Datenelement festzulegen; die anderen sind dann automatisch enthalten. Diese Zuordnungen werden häufig auch in Form von Tabellen definiert (*vgl. z. B. Martin, Information Engineering II 1990, S. 272*).

Für die einzelnen Operationsarten wird die Klasse OPERATIONSTYP gebildet, so daß OPERATION die Verbindung zwischen OPERATIONSTYP, FUNKTION und ALLG. ATTRIBUTZUORDNUNG ist.

Die von einer Funktion ausgeführten Operationen können untereinander logisch verknüpft sein, wie es bereits in dem DeMarco-Diagramm angedeutet ist. Beispielsweise können mehrere Datenfelder für eine Funktion erforderlich sein, so daß für die Lesefunktion eine Und-Verknüpfung zwischen ihnen besteht. Diese Verknüpfungsmöglichkeiten werden durch die Assoziationsklasse VERKNÜPFUNG zwischen den Operationen abgebildet. Die Art der Verknüpfung zeigt die Klasse VERKNÜPFUNGSTYP (hier sind z. B. die Booleschen Operationen möglich). Es wird aber angemerkt, daß durch die eingeführte Konstruktion nicht alle möglichen logischen Verbindungen zwischen unterschiedlich eingehenden und ausgehenden Datenelementen hergestellt werden können.

Häufig enthalten bestimmte Datenfluß-Methoden neben der funktionsbezogenen auch eine datenorientierte Sicht. So werden bei der Methode SADT in den Begriffen Aktivitätsbox bzw. Datenbox beide Blickrichtungen zum Ausdruck gebracht. Bei der Aktivitätsbox (Funktionsbox) werden die Beziehungen zu den eingehenden, steuernden und ausgehenden Daten hergestellt, wobei der Prozessor die Transformationsvorschriften, also hier die eingesetzten Operationen, beschreibt.

Bei der Datenbox wird von einem Informationsobjekt aus betrachtet, von welcher Funktion es erzeugt und in welchen weiteren Funktionen es verwendet wird.

A.III.2.1.1.4 Maskenzuordnung

Funktionen repräsentieren sich gegenüber dem Benutzer durch Bildschirmmasken, in denen Daten ausgegeben werden oder Felder für Eingabedaten definiert sind. Einer betriebswirtschaftlichen Funktion wie „Kundenauftrag anlegen" können mehrere Masken zugeordnet werden. Umgekehrt kann eine bestimmte Maske auch von mehreren Funktionen aufgerufen werden.

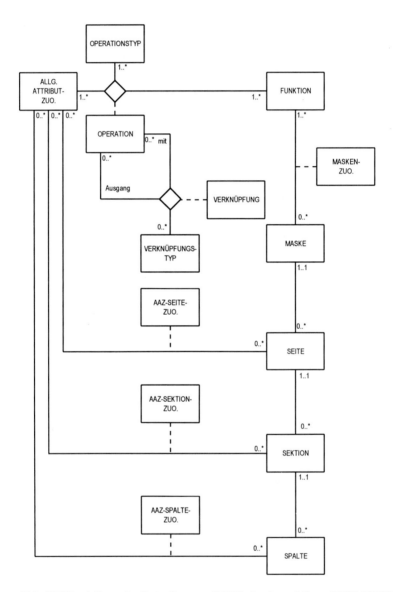

Abb. 105 Darstellung des Datenflusses mit Hilfe der Assoziation „OPERATION"

Die MASKEN werden deshalb in einer *:*-Assoziation der Klasse FUNKTION zugeordnet (vgl. Abb. 105).

Masken dienen dazu, Eigenschaften eines Datenobjektes zu erfassen, zu verändern oder zu löschen. Diese Masken werden als Datenmasken bezeichnet und ihre Funktionen sind die Standardfunktionen Anlegen, Ändern und Löschen.

Anwendungs- oder Funktionsmasken repräsentieren den Input-Bedarf oder den Output betriebswirtschaftlicher Funktionen.

Eine Maske wird durch ein Maskenmodell beschrieben. Indem dieses Modell einer Funktion zugeordnet wird, wird sie mit den in der Maske repräsentierten Datenobjekten konfiguriert. Wird eine Erfassungsfunktion mit dem Entitytyp KUNDE verbunden, wird sie zur Kundenerfassung; wird sie dagegen mit dem Entitytyp PATIENT verbunden, zur Patientenerfassung. Durch Änderung des Maskeninhaltes (z. B. Zufügen oder Entfernen von Attributen) kann die Bearbeitung weiter verändert werden.

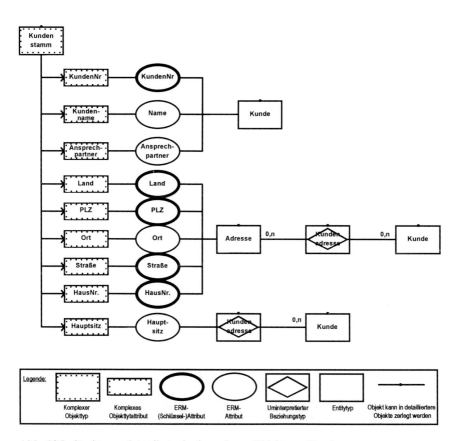

Abb. 106a Struktur und Attribute des komplexen Objekttyps Kundenstamm

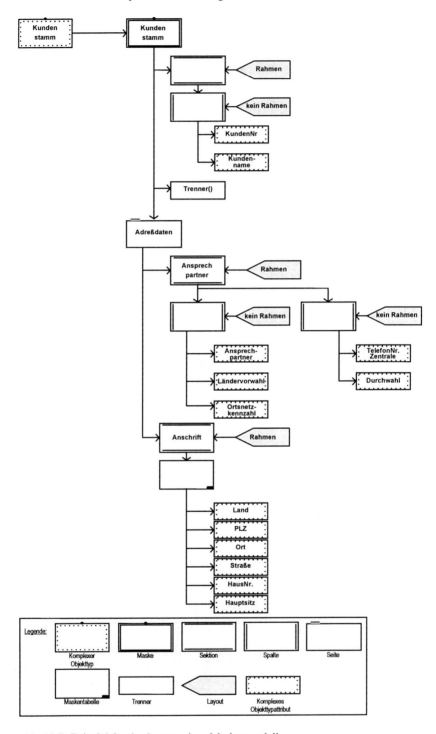

Abb. 106b Beispiel für das Layout eines Maskenmodells

Abb. 106a zeigt ein Maskenmodell für eine Kundenstammbearbeitung. In ihr sind die Attribute der Entitytypen KUNDE und ADRESSE mit ihren Beziehungen angesprochen, wie es das Datenmodell der Abb. 106c angibt. Der KUNDEN-STAMM ist somit ein komplexes Datenobjekt. In Abb. 106a ist die Herkunft der Daten aus dem Datenmodell auf der rechten Seite angegeben. Das Meta-Modell der Abb. 105 ist um diese Beziehungen ergänzt.

Abb. 106c Datenmodell für Kundenstamm

Eine Maske ist hierarchisch aufgebaut und besteht aus Seiten, Sektionen und Spalten (vgl. Abb. 106b). Indem das Maskenmodell um Layout-Angaben erweitert wird, kann aus ihr die Maske der Abb. 106d automatisch generiert werden *(vgl. IDS, ARIS-Framework 1997)*.

Dabei ist in Abb. 106b der Ansprechpartner gegenüber dem Modell der Abb. 106a erweitert. Die Wiederholungsgruppe der Adresse wird durch eine Tabelle innerhalb der Maske angegeben.

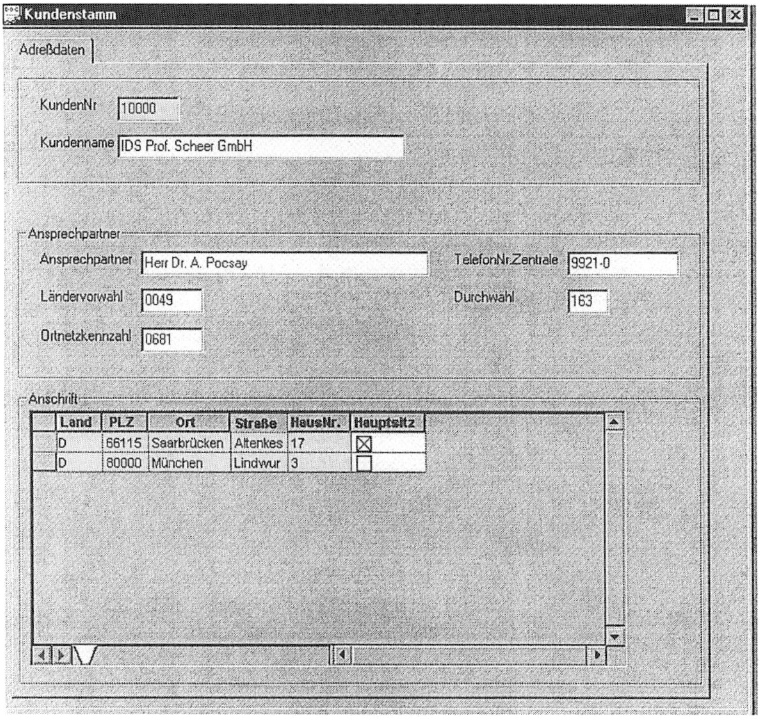

Abb. 106d Darstellung einer Maske mit Maskentabelle

A.III.2.1.2 Ereignis- und Nachrichtensteuerung

Der dynamische Ablauf eines Geschäftsprozesses wird durch die Ereignissteuerung beschrieben. Sie ist zentraler Bestandteil der Methode der ereignisgesteuerten Prozeßketten (EPK). Bei objektorientierten Ansätzen wird das interne Verhalten eines Objektes durch Zustandsdiagramme beschrieben, die ebenfalls eine Ereignissteuerung beinhalten.

Ereignisse lösen Nachrichten aus, die die Tatsache, daß ein Ereignis eingetreten ist, einem Adressatenkreis mitteilen. Diese Nachrichten können mit weiteren Informationen versehen werden und lösen neue Funktionen aus.

Auch das dynamische Verhalten zwischen Objekten der objektorientierten Ansätze wird durch einen Nachrichtenaustausch beschrieben.

Aufgrund des Erfolges von Geschäftsprozeßmodellen und der Bedeutung objektorientierter Ansätze werden Konzepte vorgestellt, die versuchen, prozeßorientierte und objektorientierte Modellierung zu verbinden.

A.III.2.1.2.1 ECA-Regel

Zur Steuerung von Kontrollflüssen wird in der Informatik die ECA (Event Condition Action)-Regel verwendet (*vgl. z. B. Dittrich/Gatziu, Aktive Datenbanksysteme 1996, S. 10*). Mit der ECA-Regel können auch Geschäftsregeln beschrieben werden (*vgl. Herbst/Knolmayer, Geschäftsregeln 1995*).

Ein Ereignis (Event) kennzeichnet ein punktuelles Geschehen, das einen Tatbestand enthält (Was) und zu einem Zeitpunkt stattfindet (Wann). Bei Zeitereignissen (z. B. 18 Uhr) fallen Was und Wann zusammen. Die Bedingung (Condition) legt fest, unter welchen Voraussetzungen ein Ereignis interessant ist. Die Aktion (Action) spezifiziert, wie auf das Eintreten einer interessierenden Situation reagiert werden soll.

Ereignisse werden in dem ARIS-Geschäftsprozeßmodell von Bearbeitungsfunktionen oder außerhalb des Modells von externen Akteuren erzeugt. Die Auswahl der interessierenden Ereignisse kann bereits bei der Modellierung vorgenommen werden, so daß nur solche Ereignisse in das Modell aufgenommen werden, die Einfluß auf den Geschäftsablauf haben. Die Bedingungen sind dann Bestandteil der Ereignisdefinition. Die ECA-Regel verkürzt sich somit zur EA-Regel.

Anstelle der Formulierung: Ereignis = Auftragssumme bekannt und der anschließenden Bedingungsprüfung Auftragssumme > 5.000 DM (Fall a der Abb. 107) werden von vornherein die zwei möglichen interessierenden Ereignisse eingeführt (Fall b der Abb. 107).

Die Aktion wird durch die Angabe der nachfolgenden Funktion dargestellt, so daß die Pfeile quasi Nachrichten über das Eintreten eines Ereignisses an die nachfolgenden Funktionen darstellen, um sie zu aktivieren. Dazu wird der Pfeil mit einem Brief als Nachrichtensymbol versehen. Die Nachrichten werden vor der nächsten Funktion in eine Warteschlange gestellt, aus der sie dann abgearbeitet werden. Die Nachrichten können weitere Attribute enthalten, die der Funktion spezielle Bearbeitungshinweise übermitteln.

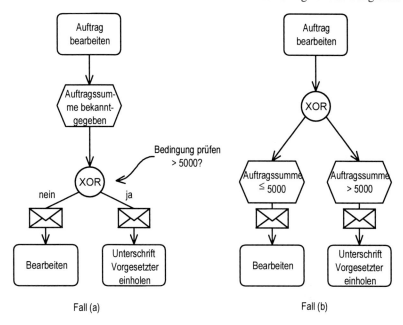

Fall (a)   Fall (b)

Abb. 107 Beispiel für die unterschiedliche Modellierung von Ereignissen

Ereignisse können in komplizierter Weise miteinander verknüpft sein. Beispielsweise kann das Eintreffen mehrerer Ereignisse erforderlich sein, um eine Funktion auszulösen, wobei sogar die Reihenfolge der Ereignisse eine Rolle spielen kann. Derartige zusammengesetzte Ereignisse können durch eine Art Ereignisalgebra unter Nutzung der Operatoren Disjunktion, Sequenz, Konjunktion und Negation *(vgl. Dittrich/Gatziu, Aktive Datenbanksysteme 1996, S. 26 f.)* ausgedrückt werden.

A.III.2.1.2.2   Ereignisgesteuerte Prozeßketten (EPK)

Die EPK-Methode wurde am Institut für Wirtschaftsinformatik (IWi) der Universität des Saarlandes in Zusammenarbeit mit der SAP AG entwickelt *(vgl. Keller/Nüttgens/Scheer, Semantische Prozeßmodellierung 1992)*. Sie ist zentraler Bestandteil der Modellierungskonzepte des Business Engineering und Customizing des SAP R/3-Systems.

Die Methode baut auf Ansätzen stochastischer Netzplanverfahren und Petri-Netzen auf. In der vereinfachten Form wird auf eine explizite Darstellung von Bedingungen und Nachrichten verzichtet, so daß lediglich einer EA-Darstellung gefolgt wird.

Einem Ereignis können mehrere Funktionen folgen; andererseits kann erst der Abschluß mehrerer Funktionen ein Ereignis auslösen. Die logischen Verknüpfungen werden durch Und (∧) sowie Inklusiv-Oder (∨) und Exklusiv-Oder (XOR) dargestellt. In Abb. 108 sind einige typische Beispiele für Ereignisverknüpfungen angegeben.

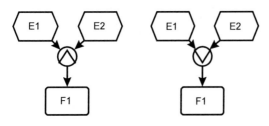

a: Wenn die Ereignisse E1 und E2 eingetreten sind, startet Funktion F1

b: Wenn Ereignis E1 oder E2 eingetreten ist, startet Funktion F1

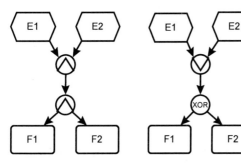

c: Wenn die Ereignisse E1 und E2 eingetreten sind, starten die Funktionen F1 und F2

d: Wenn das Ereignis E1 oder E2 eingetreten ist, startet entweder Funktion F1 oder F2

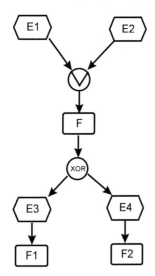

e: Wenn das Ereignis E1 oder E2 eingetreten ist, startet die Entscheidungsfunktion F, in der entschieden wird, ob entweder Ereignis E3 oder E4 eintritt.

Abb. 108 Ereignisverknüpfungen bei EPK
(nach Scheer, Wirtschaftsinformatik 1997, S. 50 f.)

Wenn zwischen den abgeschlossenen und startenden Funktionen komplexere Beziehungen wie unterschiedliche logische Beziehungen zwischen Gruppen von Funktionen bestehen, so können einem Ereignis Entscheidungstabellen für Ein- und Ausgänge hinterlegt werden.

Ereignisse werden in Informationssystemen durch Daten(-änderungen) repräsentiert. Die Anlage eines Kundenauftrages oder der Abschluß eines Versandauftrages sind typische Ereignisse, die einmal eine Statusänderung als Abschluß einer Funktion und zum anderen ein Signal für eine Folgebearbeitung geben.

In dem Meta-Modell der Abb. 110 wird die Klasse EREIGNIS deshalb als Subklasse der Klasse INFORMATIONSOBJEKT angegeben. Die logischen Verknüpfungen zwischen Ereignissen wird durch eine Assoziation zwischen LOG. VERKNÜPFUNGSART (z. B. Und, Oder) und EREIGNIS abgebildet.

Auch andere Standardsoftware-Hersteller bieten die Möglichkeit, unternehmensindividuelle Software-Lösungen über Geschäftsprozeßmodelle zu konfigurieren. Abb. 109 zeigt z. B. einen Ausschnitt eines Geschäftsprozeßmodells des Dynamic Enterprise Modeling von Baan *(vgl. Baan, Dynamic Enterprise Modeling 1996).* Es folgt der Petri-Netz-Methode und kann weitgehend mit dem Meta-Modell der Abb. 110 beschrieben werden.

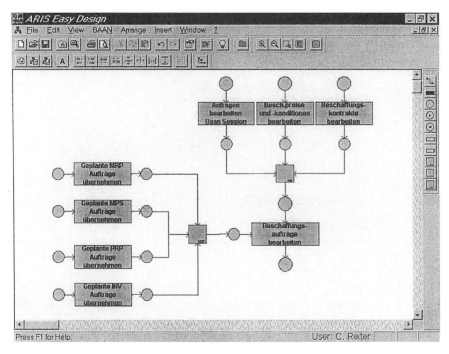

Abb. 109 Baan-Geschäftsprozeßmodell
     (Quelle: IDS Prof. Scheer GmbH)

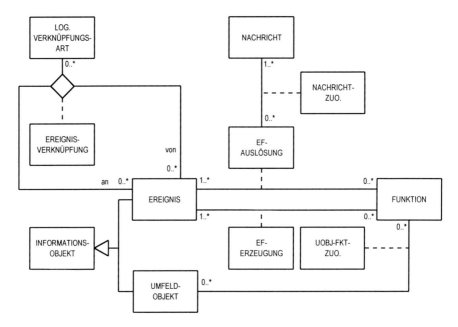

Abb. 110 Meta-Modell der Ereignis- und Nachrichtensteuerung in einer EPK

Die direkten Beziehungen zur Funktion, also noch ohne explizite Aufnahme der Nachrichtensteuerung, werden durch die Assoziationen EF-AUSLÖSUNG und EF-ERZEUGUNG dargestellt. Ergänzend sind die nicht als Ereignisse definierten Informationsobjekte mit den auf sie anzuwendenden Funktionen verbunden. Eine FUNKTION kann durch ein oder mehrere Ereignisse gestartet werden. Gleichzeitig kann eine Funktion auch mehrere Ereignisse erzeugen. Ein Ereignis kann auch Ergebnis mehrerer Funktionen sein, so z. B. der Abschluß eines Projektes durch die Beendigung mehrerer paralleler Funktionen.

A.III.2.1.2.3 Zustandsdiagramme

Die EPK-Methode ist auf die fachliche Modellierung durch den Organisator ausgerichtet. Im Rahmen der objektorientierten Modellierung wird mit Zustandsdiagrammen ein ähnlicher Ansatz verfolgt, der aber mehr auf das interne Verhalten eines Objektes ausgerichtet ist. Er beschreibt quasi das Mikroverhalten in einem Objekt, während eine EPK mehr das Makroverhalten einer Prozeßkette abbildet. Es bestehen aber formale Ähnlichkeiten. Auch gibt es Versuche, Zustandsdiagramme für die Makromodellierung einzusetzen.

Zustandsdiagramme beschreiben das interne Verhalten eines Objektes während seiner Lebensdauer. Sie erfassen Zustände und Zustandsübergänge (Transitionen). Ein Zustand wird durch bestimmte Attributwerte des Objektes repräsentiert. Zustandsübergänge werden durch Ereignisse ausgelöst. Zur Darstellung wird häufig die Nomenklatur von Harel verwendet *(vgl. Harel, Statecharts 1987, S. 231-274;*

Harel, On Visual Formalism 1988, S. 514-530). Auf diese bezieht sich auch Rumbaugh (*vgl. Rumbaugh u. a., Object-Oriented Modeling and Design 1991).*

In Abb. 111 ist der grundsätzliche Aufbau eines Zustandsdiagrammes angegeben. Es wird in der Regel einem Objekt zugeordnet.

Abb. 111 Zustandsdiagramm

Während eines Zustandes können Aktivitäten ausgeführt werden, z. B. in dem Zustand Auftrag bearbeiten. Die Änderung dieses Zustands in Auftragsbearbeitung abgeschlossen ist dann ein Ereignis, das den Zustandsübergang auslöst. Mit dem Ereignis kann eine Bedingung verbunden sein, z. B. ist die Auftragsbearbeitung *erfolgreich* abgeschlossen?; diese Bedingung wird in Klammern angegeben.

Eine Aktion stellt dann den neuen Zustand ein, z. B. in Abb. 111 die Aktion Übergabe Auftrag an Produktion. Diese Aktion besitzt keine eigene Funktionalität, sonst müßte sie als eigener Vorgang modelliert werden. Der neue Zustand ist dann die Durchführung der Produktion.

In Zustandsdiagrammen wird streng der ECA-Regel gefolgt. Bei exakter Anwendung können formale Prüfungen durchgeführt werden, um z. B. Widersprüche im Ablauf zu erkennen. Dieses ist ein Vorteil der formalen Definition von Zustandsdiagrammen. Ähnliche formale Verifikationsmöglichkeiten können zwar auch bei EPK-Modellen angewendet werden, sind dort aber noch nicht algorithmisch ausgearbeitet. Mit heuristischen Simulationsstudien kann aber ein ähnliches Ergebnis erzielt werden.

Mit den Zustandsdiagrammen wird eine ähnliche Darstellung wie bei der EPK ermöglicht. Die Zustände beschreiben Funktionsausführungen, die durch Ereignisse und Zustandsübergänge gesteuert werden.

Das Meta-Modell für Zustandsdiagramme entspricht deshalb dem der EPK in Abb. 110.

A.III.2.1.2.4 Nachrichtensteuerung

Die Ereignissteuerung legt fest, wann und wie mit einer Zustandsänderung reagiert werden soll. Diese Zustandsänderung muß aber an die Aktoren, die die Zustandsänderung ausführen, übertragen werden. Dazu dienen Nachrichten. Eine Nachricht ist die Aufforderung eines Absenders an den Empfänger, eine Leistung zu erbringen.

In dem Zustandsdiagramm kann dieses durch die Aktion vor dem Eintritt in einen neuen Zustand ausgedrückt werden.

Bei der fachlichen Modellierung von einfachen EPK werden die Nachrichten nicht explizit genannt - sie sind gewissermaßen in den Pfeilen zwischen den Ereignissen und den nachfolgenden Funktionen enthalten.

Wenn die Nachrichten aber durch eigene Eigenschaften (z. B. Attribute und Anweisungen) beschrieben werden können, ist es sinnvoll, sie auch explizit zu modellieren. Dieses zeigt Abb. 112 als Ausschnitt einer EPK für das Beispiel der Auftragsbearbeitung *(vgl. Scheer, ARIS - Vom Geschäftsprozeß zum Anwendungssystem 1998)*. Die als Briefsymbole dargestellten Nachrichten können nun bei der Modellierung mit beliebigen Eigenschaften versehen werden. Entsprechend muß dann das Meta-Modell der Abb. 110 ergänzt werden. Die Klasse NACHRICHT ist durch eine Assoziation mit der Assoziationsstruktur EF-AUSLÖSUNG verbunden. Die gleiche Nachricht kann an verschiedene Funktionen geschickt werden; einem „Löst aus"-Pfeil wird aber jeweils nur eine Nachricht zugeordnet.

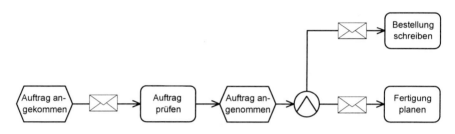

Abb. 112 Beispiel für die Modellierung von Nachrichten

Bei der objektorientierten Modellierung besitzt die Nachrichtensteuerung eine besondere Bedeutung. Das Verhalten des Systems wird durch einen Nachrichtenfluß zwischen den Objekten gesteuert. Der Nachrichtenfluß dient der Veranlassung einer Aufgabenbearbeitung. Eine Nachricht enthält neben Absender- und Empfängerobjekt die Funktion sowie die benötigten zu übergebenen Parameter. Der Absender fordert den Empfänger auf, die Funktion auszuführen und das Ergebnis bzw. die Ergebnisse zurückzugeben. In Abb. 113 ist dieser Ablauf angegeben.

Abb. 113 Nachrichtenaustausch zwischen Objekten

Das Objekt Kunde Meier sendet dem Objekt Artikel A 4711 die Nachricht, den Bestellwert für 10 Mengeneinheiten des Artikels zu berechnen. Die Antwort wird an das Kundenobjekt zurückgegeben. Genaugenommen wird die Nachricht von der Funktion Auftragswert errechnen ausgelöst. Bei dem angesprochenen Objekt wird zunächst geprüft, ob die verlangte Funktion in dem Objekt implementiert ist. Falls nicht, verfolgt es die Vererbungshierarchie, bis es die Funktion findet.

Eine für den objektorientierten Ansatz wichtige Eigenschaft ist der Polyphormismus. Dieser besagt, daß eine bestimmte Nachricht an Objekte verschiedener Klassen gesendet werden kann und dort unterschiedliche Bearbeitungen auslösen kann, je nachdem, wie die angesprochene Funktion implementiert ist.

Die Botschaftswege können durch Interaktionsdiagramme dargestellt werden. Hierfür gibt es mehrere Unterformen. In Abb. 114 sind die Reihenfolge und der zeitliche Ablauf des Nachrichtenaustausches angegeben. Sie enthält deshalb eine sehr detaillierte Angabe. In ihr kann der konkrete Ablauf einer Aufgabenbearbeitung zwischen Objekten angegeben werden.

In vereinfachter Form können in einem Interaktionsdiagramm lediglich die grundsätzlich zwischen den Objekten auszutauschenden Nachrichten angegeben werden, also ohne Angabe von Zeiten und Reihenfolgen.

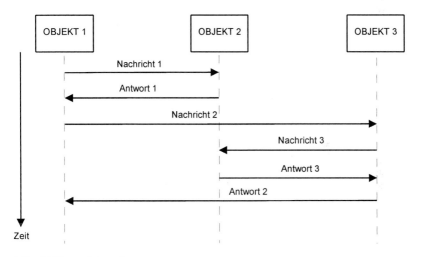

Abb. 114 Interaktionsdiagramm

Die Nachrichtenpfade sind bereits in dem objektorientierten Klassendiagramm durch die Assoziationen festgelegt. Deshalb besitzt die Modellierung der Assoziationen bei der objektorientierten Analyse eine besondere Bedeutung. Neben den durch Assoziationen modellierten Nachrichtenwegen gibt es auch Ad-Hoc-Nachrichten, bei denen z. B. ein Benutzer direkt ein bestimmtes Objekt adressiert. Diese Nachrichtenwege sind aber nicht Gegenstand des Fachkonzeptentwurfes, sondern werden direkt bei der Ausführung definiert.

Die Nachrichtensteuerung wird in Abb. 115 dem Meta-Modell der Klassendiagramme (vgl. Abb. 101) hinzugefügt.

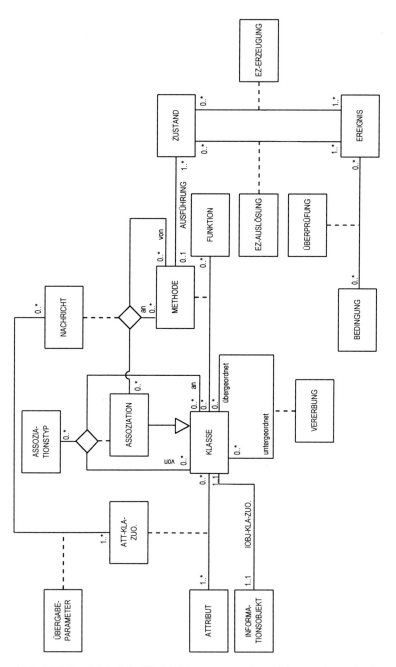

Abb. 115 Meta-Modell der Nachrichtensteuerung der objektorientierten Analyse

Eine NACHRICHT wird von einer FUNKTION eines Objektes an eine FUNK-
TION eines anderen Objektes gerichtet. Dabei referenziert die Verbindung auf

den durch die Assoziationen festgelegten Weg. Die Position in einem Ablauf wird durch eine Reihenfolgenummer oder einen Zeitstempel ausgedrückt. Der Nachricht werden Übergabeparameter zugeordnet.

Ein Zustand kann eine Methodenausführung sein, er kann aber auch eine eigenständige Definition umfassen, z. B. einen Wartezustand. In dem Meta-Modell wird dieses durch die (0..1)-Kardinalität zwischen ZUSTAND und METHODE zugelassen. Ein Zustand wird durch ein EREIGNIS gestartet, das wiederum von einem Zustand ausgelöst wird.

Wird der Begriff Zustand mit dem Begriff Funktion gleichgesetzt, entspricht die Meta-Struktur des Zustandsdiagrammes der Meta-Struktur der vereinfachten EPK, allerdings ohne deren logische Verknüpfungen zwischen den Ereignissen.

A.III.2.1.2.5 Verbindung objektorientierter Modellierung und EPK

Obwohl die Geschäftsprozeßmodellierung und die objektorientierte Modellierung unterschiedlichen Paradigmen folgen, gibt es Versuche, sie miteinander zu kombinieren.

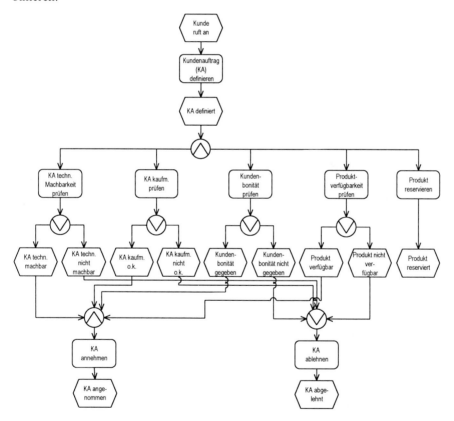

Abb. 116a Darstellung des Gesamtprozesses als EPK
(nach Bungert/Heß, Objektorientierte Geschäftsprozeßmodellierung 1995, S. 62)

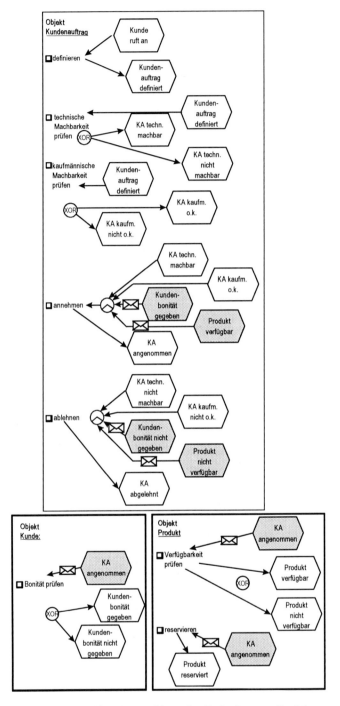

Abb. 116b Definition der resultierenden Ereignisse von Funktionen
(nach Bungert/Heß, Objektorientierte Geschäftsprozeßmodellierung 1995, S. 61)

Zur konkreten Verbindung von EPK und objektorientierter Modellierung werden zwei Ansätze aufgeführt.

In dem Ansatz von Bungert/Heß *(Bungert/Heß, Objektorientierte Geschäfts-prozeßmodellierung 1995)* kann eine EPK in ein Objektmodell überführt werden und umgekehrt. In Abb. 116a und b ist ein Beispiel (gegenüber dem Original leicht modifiziert) angegeben.

Es wird vorausgesetzt, daß die in einer EPK verwendeten Informationsobjekte als objektorientierte Klassen definiert werden können. Ihnen werden die Funktionen aus der Prozeßkette zugeordnet und diesen die auslösenden bzw. von den Klassen ausgelösten Ereignisse. Die auslösenden Ereignisse werden als Nachrichten empfangen, die von den ausgelösten Ereignissen anderer Funktionen versendet werden. Interne und externe Ereignisse können getrennt gekennzeichnet werden. Das Meta-Modell entspricht dem der EPK (vgl. Abb. 110).

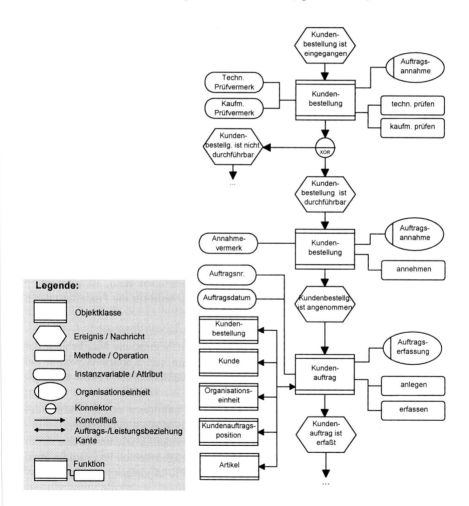

Abb. 117 oEPK zur Auftragserfassung

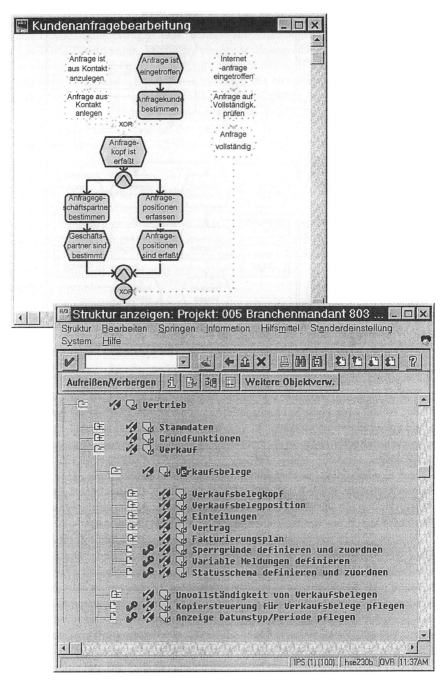

Abb. 119 R/3 Konfiguration über EPK
  (Quelle: SAP AG)

A.III.2.3 DV-Konzept

A.III.2.3.1 Verbindung Module mit Datenbanken

Im DV-Konzept der Funktionssicht werden Module zunächst ohne Kenntnis eines konkreten Datenbankschemas, sondern nur anhand von globalen Datenangaben gebildet. Nun werden die Module und Minispezifikationen mit Datenbanken verknüpft.

A.III.2.3.1.1 Schemazuordnung

Ein Anwendungsmodul kommuniziert i. allg. nicht mit dem gesamten konzeptionellen Schema einer Datenbank, sondern benötigt lediglich Ausschnitte.

Gleichzeitig kann es sinnvoll sein, Namen des konzeptionellen Schemas für einzelne Anwendungen abzuändern. Dieses kann sich z. B. daraus ergeben, daß bei der selbständigen Entwicklung einer Anwendung bereits Definitionen für Attribute oder Relationen in das DV-Konzept eingefügt wurden, die nicht mit denen des davon unabhängig entwickelten Datenmodells übereinstimmen.

Die Sicht einer einzelnen Anwendung bzw. eines Anwenders auf die logische Datenbank wird durch externe Datenbankschemata definiert. Sie bilden somit die Schnittstelle des Anwenders zum konzeptionellen Schema. Im einzelnen können aus dem Relationenschema neue Relationen abgeleitet werden, indem Attribute oder bestimmte Tupel von Basisrelationen fortgelassen werden oder Basisrelationen nach bestimmten Kriterien kombiniert oder in mehrere Relationen zerlegt werden. Als wesentliches Ausdrucksmittel wird hierfür die Definition sogenannter Views (Benutzersichten) eingesetzt. Ihre generelle Form (*vgl. z. B. Mayr/Dittrich/Lockemann, Datenbankentwurf 1987, S. 537 ff.*) lautet

– DEFINE VIEW [Name der View],
– SELECT [Ausdruck].

Die Meta-Struktur zeigt Abb. 120. Das gesamte konzeptionelle Schema, bestehend aus Relationen, Attributen und Integritätsbedingungen, wird durch ein komplexes Objekt KONZEPTIONELLES SCHEMA repräsentiert. Die EXTERNEN SCHEMATA sind über eine Assoziation mit dem KONZEPTIONELLEN SCHEMA verbunden. Einem MODUL können dabei mehrere externe Schemata zugeordnet werden und umgekehrt ein externes Schema mehreren Modulen.

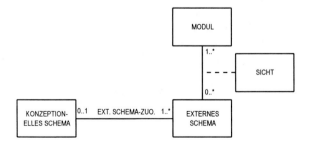

Abb. 120 Verbindung Module mit Datenbankschema

A.III.2.3.1.2 Ableitung von Kontrollstrukturen

Grundsätzlich besteht ein Modul aus Datendeklaration, Steuerungslogik und Anweisungen. Zur Steuerung werden im Rahmen der strukturierten Programmierung die Strukturen Folge, Iteration und Auswahl zugelassen.

Diese Kontrollstrukturen können mit Datenstrukturen in Beziehung gesetzt werden. Eine 1:1-Assoziation zwischen Klassen entspricht dabei der Folge, eine 1:*-Assoziation der Iteration und die Spezialisierungsoperation, bei der Informationsobjekte in Teilbegriffe zerlegt werden, der Auswahl.

In Abb. 121 wird dieses an einem Beispiel gezeigt.

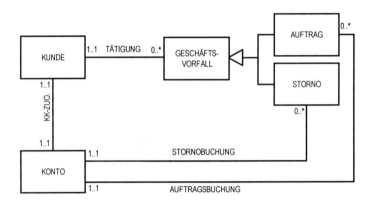

Abb. 121 Beispiel für die Beziehung zwischen Kontrollstrukturen und Datenstrukturen

Dem Informationsobjekt KUNDE ist jeweils eindeutig ein Konto zugeordnet (1:1-Assoziation). Ein Kunde kann mehrere Geschäftsvorfälle tätigen. Ein Geschäftsvorfall bezieht sich aber jeweils auf einen Kunden. GESCHÄFTSVORFALL wird in AUFTRAG und STORNO spezialisiert.

Die unterschiedlichen Geschäftsvorfälle lösen unterschiedliche Buchungsvorgänge aus. Der daraus resultierende Ablaufsteuerungsteil ist in Abb. 122 als Struktogramm dargestellt. Es wird zunächst ein Kundensatz gelesen. Anschließend wird das zugehörende Konto gelesen. Beide Vorgänge bilden wegen der aus Sicht des Kunden bestehenden Kardinalität von 1 eine Folge.

Für den Kunden werden die bestehenden Geschäftsvorfälle, die aus Sicht des Kunden eine Kardinalität von * besitzen, bearbeitet. Dieses wird als Iteration dargestellt.

Nach der Art des Geschäftsvorfalls werden unterschiedliche Buchungen durchgeführt, die anhand der Spezialisierung erkannt werden.

Auf eine Meta-Darstellung wird verzichtet. Dieser datenstrukturorientierte Programmentwurf zeigt aber grundsätzliche Ähnlichkeiten mit der Ableitung des Nachrichtenaustausches innerhalb objektorientierter Ansätze aus den Assoziationen des Klassendiagramms.

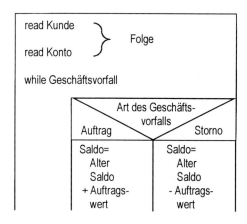

Abb. 122 Beispiel Kontrollstrukturen

A.III.2.3.1.3 Datenbanktransaktionen

Grundlage der Änderung von Datenbanken ist das Transaktionskonzept. Seine Eigenschaften werden durch den Ausdruck ACID (A = Atomarity, C = Consistency, I = Isolation, D = Durability) beschrieben. Eine Transaktion umfaßt eine Folge von Datenbankoperationen, die aus Sicht des Anwendungszusammenhangs ununterbrechbar ist. Dieses bedeutet, daß die Konsistenz der Datenbank aus Anwendungssicht nur dann gegeben ist, wenn die Transaktion vollständig ausgeführt worden ist. Tritt während ihres Ablaufs ein Fehler auf, so wird die Datenbasis auf den Zustand vor Beginn der Transaktion zurückgesetzt. Diese Eigenschaft der Transaktion wird als atomar bezeichnet: Bis zu ihrem erfolgreichen Abschluß hinterläßt sie keine Wirkung auf die Datenbasis.

Neben der **Atomarität** oder Ununterbrechbarkeit einer Transaktion muß die Transaktionsverwaltung die **Konsistenzerhaltung** sichern, d. h. eine Transaktion überführt die Datenbank von einem konsistenten Zustand in einen neuen konsistenten Zustand.

Weiter gilt die **Isolation**, d. h. während des Transaktionsablaufs dürfen keine Teilresultate an andere Anwendungen weitergegeben werden. Die **Persistenz** sichert, daß die Wirkung einer erfolgreich abgeschlossenen Transaktion erhalten und nur durch neue Transaktionen geändert werden kann.

Beginn und Ende von Transaktionen werden durch „begin of transaction" und „end of transaction" gekennzeichnet. In diese Klammer können dann beliebig viele Schreib- und Lesebefehle eingefügt werden.

Die Transaktion ist auch Einheit für Datensicherungsmaßnahmen (Recovery).

Aus Sicht des Programmentwurfs kann eine Transaktion als ein Modul interpretiert werden. In Abb. 123 wird deshalb TRANSAKTION als Spezialisierung des Begriffs MODUL aufgeführt. Da im Rahmen des DV-Konzepts festgelegt wurde, daß Module untereinander vernetzt sein können, werden diese Zusammenhänge implizit übernommen.

In einer Transaktion sind mehrere Datenbankoperationen zusammengefaßt, so daß DATENBANK(DB-)OPERATION eine Assoziation zwischen dem DB-OPERATIONSTYP (z. B. Lesevorgang oder Schreibvorgang), der zugehörigen TRANSAKTION und dem angesprochenen INFORMATIONSOBJEKT ist.

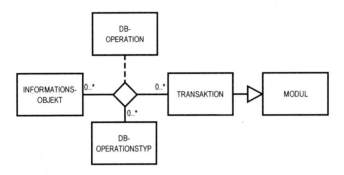

Abb. 123 Transaktionskonzept

A.III.2.3.2 Triggersteuerung

Datenbanken sind nicht nur passive Speicher für Unternehmensdaten, sondern ihnen können auch Komponenten angegliedert werden, die auf bestimmte anwendungsbezogene Ereignisse reagieren und Aktionen zur Änderung der Datenbank auslösen (Aktive Datenbanksysteme). Diese Komponenten werden als Trigger bezeichnet und wurden bereits bei der Behandlung von Integritätsbedingungen unter dem Gliederungspunkt des DV-Konzepts der Datensicht eingeführt.

Mit Hilfe von Triggern können Anwendungsfunktionen aktiviert werden, indem z. B. in einem Lagerdispositionssystem laufend der Lagerbestand eines Teiles überprüft wird, um beim Ereignis „Unterschreitung eines Mindestbestandes" eine Bestellung auszulösen.

Vereinfacht besteht ein Trigger aus der Definition der ihn auslösenden Ereignisse, den Bedingungen, die überprüft werden und bei deren Zutreffen bestimmte Aktionen ausgelöst werden. Die Aktionen sind Operationen zur Veränderung von Daten, also Transaktionen. Exakter ist ein Trigger nach dem Event/Trigger-Mechanismus ETM (*vgl. Kotz, Triggermechanismus in Datenbanksystemen 1989, S. 54 ff.*) ein Paar aus Ereignis und Aktion $\{T = (E,A)\}$, mit der Bedeutung, daß unmittelbar bei dem Auftreten eines Ereignisses des Typs E die Aktion A ausgeführt wird.

Soll z. B. innerhalb eines Produktentwicklungsprozesses nach der Beendigung des Konstruktionsschrittes „Design Phase 1" eine Prozedur angestoßen werden, die das Ergebnis überprüft, so führt dieses zu dem Trigger:

EVENT end _of_design _phase_1 (design_object: DB_ID);
ACTION verification_procedure_A (verif_obj: DB_ID)
=<Verifikation von verif_obj>;
TRIGGER T1 = ON end_of_design_phase_1
DO verification_procedure_A (design_object);
(vgl. *Kotz, Triggermechanismus in Datenbanksystemen 1989, S. 64*).

Dabei werden die Ereignisse und Aktionen mit Identifikatoren der jeweiligen zu behandelnden Objekte versehen. In dem Beispiel wird ein Entwurfsobjekt als design_object mit dem Datenbankidentifikator DB_ID bezeichnet und das durch eine Aktion zu verifizierende Objekt als verification_object mit dem Datenbankidentifikator DB_ID.

Durch die getrennte Definition von Ereignissen, Aktionen und Trigger können unterschiedliche Trigger auf die gleichen Ereignisse und Aktionsdefinitionen zugreifen. Gleichzeitig können durch Parametrisierung von Ereignissen und Aktionen unterschiedliche Steuerungsabläufe bei gleichen Grunddefinitionen ermöglicht werden.

Die angeführte Schreibweise ist noch unabhängig von konkreten Triggersystemen bestimmter Datenbanksysteme oder Programmierumgebungen. Aus diesem Grunde befindet sie sich auf der Ebene des DV-Konzepts.

Mit dem ETM kann direkt an den EPK angeschlossen werden. Die Ereignisse sind dort bereits eingeführt, und Action entspricht den Funktionsmodulen. Die Trigger kennzeichnen den Zusammenhang zwischen E und A und entsprechen formal den Kanten zwischen Ereignis und Funktion der EPK.

Die in EPK entwickelten Abläufe können damit direkt in die Triggersteuerung übertragen werden. Die EPK-Darstellungen brauchen lediglich um Symbole des DV-Konzepts ergänzt zu werden. Hierzu gehört vor allem die Kenntlichmachung der Ereignisse, die Trigger und Aktionsnachrichten auslösen.

In Abb. 124 ist das Triggerkonzept als Meta-Modell dargestellt. Die Klasse EREIGNIS stellt die Verbindung zur Fachkonzeptebene her.

Neben externen Ereignissen gibt es auch interne Ereignisse, die aus Programmanwendungen resultieren, z. B. eine Auftragsbestätigung. Auch bestimmte Zeitpunkte können Ereignisse darstellen, z. B. wenn bestimmte Aktionen jeweils zu einer vollen Stunde durchgeführt werden. Da auch die Zeit als Klasse definiert werden kann und damit ein Informationsobjekt ist, deckt der Ereignisbegriff des Fachkonzepts die hier angeführten Auslöser für Trigger ab. Ein Ereignis kann dabei mehrere Trigger starten und ein Trigger kann von mehreren Ereignissen ausgelöst werden.

Nachdem ein Trigger ausgelöst ist, können verschiedene Zustände der Datenbasis anhand der für den Trigger definierten Regeln überprüft werden. Dieser Tatbestand wird durch die Assoziation BEDINGUNGEN zwischen TRIGGER und INFORMATIONSOBJEKT ausgedrückt.

Bei Zutreffen der Bedingung kann ein Trigger eine oder mehrere Transaktionen auslösen; umgekehrt kann eine Transaktion auch von verschiedenen Triggern gestartet werden. Bei der Überprüfung eines Lagerbestandes kann z. B. als auslösendes Ereignis einmal die Zeit gelten, indem z. B. stündlich die Bedingung überprüft wird, ob der Lagerbestand die Mindestbestandsmenge unterschritten hat. Ein anderes Ereignis könnte die Entnahmebuchung für den entsprechenden Lagerbestand sein.

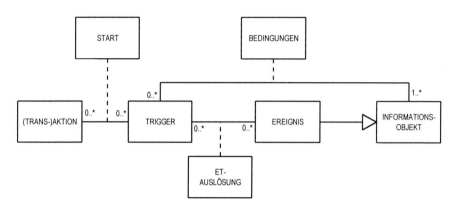

Abb. 124 Struktur des Triggerkonzepts

A.III.2.3.3 Objektorientiertes DV-Konzept

Es gehört zum objektorientierten Entwurfsparadigma, daß zwischen den Life-Cycle-Phasen enge Beziehungen bestehen: die Entwurfselemente des Fachkonzepts sollen möglichst 1:1 in die Implementierung umgesetzt werden. Dieses unterstützt dann z. B. ein einfaches Rapid Prototyping. Trotzdem wird auch beim objektorientierten Entwurf grundsätzlich ein Phasenkonzept anerkannt. Die Abgrenzungen zwischen Fachkonzept, DV-Konzept und Implementierung sind aber weniger eindeutig. Aufgrund der Herkunft aus der objektorientierten Programmierung sind die Modellierungsmethoden bereits implementierungsnah. So ordnen einige Autoren (z. B. *Oestereich, Objektorientierte Softwareentwicklung 1997, S. 66 ff.*) der Fachkonzeptebene (Analysephase) lediglich die Use-Case-Diagramme zu, während Klassen-, Sequenz-, Zustandsdiagramme usw. bereits dem DV-Konzept (Designphase) zugehören. Andere Autoren verwenden die gleichen Methoden und Diagramme dagegen auf beiden Ebenen, nur daß sie im Rahmen des DV-Konzepts weiter verfeinert werden.

Dieser Auffassung wird auch hier gefolgt. Damit brauchen die Meta-Modelle des Fachkonzepts nicht grundsätzlich neu angelegt zu werden. Wenn aber Performance-Überlegungen dazu führen, Konstrukte neu zu bündeln oder zu teilen, kann zwischen den Konstrukten des Fachkonzepts und denen des DV-Konzepts eine n:n-Beziehung bestehen. Dieses würde für das Meta-Modell bedeuten, daß jedem Fachkonzept-Entwurfskonstrukt ein Entwurfskonstrukt des DV-Konzepts durch eine n:n-Beziehung zugeordnet wird.

A.III.2.3.3.1 Typische Verfeinerungen

Bei den Methoden wird zwischen von außen zugänglichen und internen Methoden unterschieden.

Bei den Klassen werden Attributtypen mit technischen Eigenschaften wie Zusicherungen, Initialwerten und Parametern festgelegt (vgl. Abb. 125). Zusicherungen sind Voraussetzungen, die die Objekte erfüllen müssen. Parameter bei Operationen geben an, für welche Argumente bei ihrem Aufruf Werte übergeben werden müssen. In der Abb. 125 wird also angegeben, daß das Attribut Radius nicht negativ sein darf (Zusicherung), der Mittelpunkt einen vorbesetzten Ausgangswert x = 10, y = 10 besitzt und bei Verschiebungen auf dem Bildschirm über den neuen Mittelpunkt (Position) oder den neuen Radius mit Eingabe der entsprechenden Parameter der Kreis manipuliert werden kann.

Das dynamische Verhalten der Objekte während ihrer Lebensdauer wird differenziert durch Zustands-, Sequenz- und Aktivitätendiagramm beschrieben.

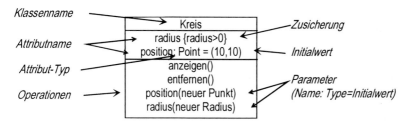

Abb. 125 Beispiel für technische Eigenschaften von Attributen
(aus Oestereich, Objektorientierte Softwareentwicklung 1997, S. 36)

Auch bei dem objektorientierten Systementwurf gibt es den Programm- und Modulbegriff. Hier enthält ein Modul den Code der ihm zugeordneten Klassen, bzw. ihm sind Quellcode-Dateien und Übersetzungsdateien zugeordnet.

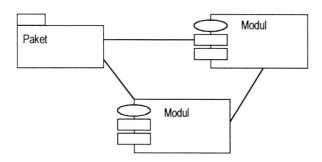

Abb. 126 Komponentendiagramm nach UML

Die Module mit ihren Beziehungen werden in Komponentendiagrammen darge-stellt. Ihre Meta-Struktur entspricht weitgehend der Meta-Struktur der Moduldar-stellung. Die definierten Komponenten oder Module sind wesentliche Grundlage für das Versionsmanagement.

Eine ähnliche Funktion zur Gruppierung von objektorientierten Beschreibungs-elementen besitzt auch der Begriff Paket. Pakete enthalten aber keinen physischen Code, sondern fassen Elemente der Modellierung zusammen. Teilweise werden aber auch Paket- und Modulbegriff synonym verwendet.

Sowohl Module als auch Pakete sind Bestandteil der UML und werden in Komponentendiagrammen dargestellt (vgl. Abb. 126).

A.III.2.3.3.2 Datenbankanbindung

Die Speicherung persistenter Objekte kann mit Hilfe objektorientierter Daten-banksysteme ausgeführt werden. Diese unterstützen auch Prinzipien der Verer-bung, so daß Daten des Objektes einer Unterklasse **persistent** auch aus den ver-erbten Attributen von Oberklassen zusammengestellt werden können.

Werden dagegen im Rahmen des objektorientierten Entwurfs relationale Da-tenbanksysteme eingesetzt, ergeben sich Probleme, beide Entwurfsparadigmen miteinander zu verbinden. Grundsätzlich gibt es zwei extreme Möglichkeiten (*vgl. Oestereich, Objektorientierte Softwareentwicklung 1997, S. 136 f.*).

Alle Objekte aller Klassen werden in lediglich einer Relation gespeichert. In diesem Fall sind in der Tabelle Tupel unterschiedlichen Typs zu verwalten. Die Zuordnung im Rahmen des Meta-Modells ist, daß alle KLASSEN auf lediglich eine RELATION verweisen (vgl. Abb. 127a).

Die andere extreme Möglichkeit besteht darin, für jede Klasse eine eigene Ta-belle anzulegen. In diesem Fall wird die Assoziation zu 1:1 (vgl. Abb. 127b). Hier entsteht das Problem, daß bei Objekten aus Unterklassen die Daten aus mehreren Oberklassen zusammengestellt werden müssen.

Abb. 127a Alle persistenten Objekte werden in einer relationalen Tabelle gespeichert

Abb. 127b Jeder Klasse wird eine Relation zugeordnet

Als Kompromiß wird vorgeschlagen (*vgl. Oestereich, Objektorientierte Software-entwicklung 1997, S. 137*), die Daten auf der Basis der tiefsten Unterklassen zu speichern. Dann werden jeweils alle Daten eines Objektes zusammengehörend erfaßt. Allerdings müssen dann beim Zugriff auf Oberklassen mit mehreren Unterklassen Daten aus mehreren Tabellen zusammengestellt werden.

Es bleibt festzuhalten, daß die Datenbankanbindung noch Probleme zeigt, da die objektorientierte Datenbanktechnologie noch nicht ausgereift ist und deshalb die objektorientierten Entwurfssprachen unvollkommene Schnittstellen zu relationalen Datenbanksystemen anbieten.

A.III.2.4 Implementierung

Die Beziehungen zwischen Funktionen und Daten werden durch Datenbanksysteme und Programmiersprachen implementiert. Datenbanksysteme erlauben innerhalb ihrer DDL die konkrete Definition externer Schemata. Insbesondere bieten aktive Datenbanksysteme Umsetzungen von Triggermechanismen an.

Objektorientierte Programmiersprachen (C++, Smalltalk, Java, usw.) setzen die Methoden und Diagramme des DV-Konzepts in Programmcode um (vgl. Abb. 128 der Umsetzung der Definition der Klasse „Kreis" aus Abb. 125 in C++).

```
class Kreis
{
        int     radius;
        Point   position;

    public:
        void radius (int neuerRadius);
        void position (Point neuerPunkt);
        void anzeigen ();
        void entfernen ();
};
void Kreis::radius (int neuerRadius)
{
        if (neuerRadius > 0)            //Zusicherung
        {
            ...
        };
};
...
```

Die konkrete Implementation der einzelnen Operationen wurde weggelassen.

Abb. 128 Implementierung der Objektklasse aus Abb. 125
(aus Oestereich, Objektorientierte Softwareentwicklung 1997, S. 37)

A.III.3 Beziehungen zwischen Funktionen und Leistungen

Der Leistungsbegriff umfaßt Sach- und Dienstleistungen, wobei zu den Dienstleistungen auch Informationsdienstleistungen zählen.

Die Beziehungen zur Funktionssicht bestehen darin, daß Funktionen Input-Leistungen durch Bearbeitung in Output-Leistungen transformieren. Auf einer gröberen Betrachtungsebene kann einer Leistung ein Prozeß, also eine Funktionsfolge, zugeordnet werden. Eine Leistungserstellung löst dann einen Prozeß aus bzw. eine Leistung ist das Ergebnis eines Prozesses.

Abb. 129 zeigt die Einordnung der Beziehungen zwischen Funktionen und Leistungen in das ARIS-Haus.

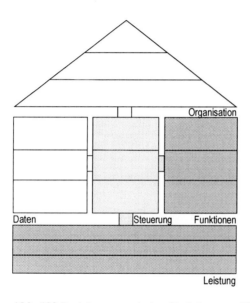

Abb. 129 Beziehungen zwischen Funktionen und Leistungen

A.III.3.1 Fachkonzeptmodellierung

Abb. 130 zeigt den detaillierten Leistungsfluß einschließlich der Mengenbeziehungen einer Funktion. Abb. 131 zeigt das zugehörige Meta-Modell. In dem Meta-Modell werden zur Vereinfachung die Ereignisse nicht aufgenommen. In der Darstellung wird vorausgesetzt, daß nach jeder Funktionsbearbeitung Leistungen mit eigenen Bezeichnungen entstehen.

In Abb. 132 und Abb. 133 wird der Fall dargestellt, daß eine Leistung nach einer Bearbeitung lediglich einen anderen Status erhält, aber keine neue Bezeichnung. Deshalb dient der vollzogene Funktionsschritt zur Identifizierung des Ausgangsstatus für die nächste Bearbeitung. Diese Vorgehensweise ist z. B. auch zwischen den Arbeitsgängen bei der Arbeitsplanverwaltung in der industriellen Fertigung üblich.

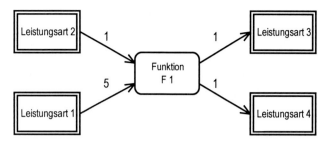

Abb. 130 Leistungsfluß einer Funktion

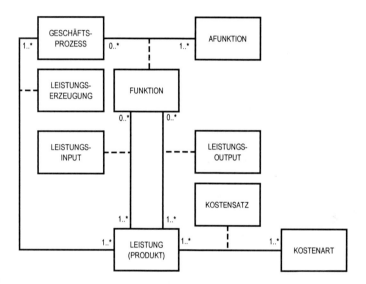

Abb. 131 Meta-Modell für Leistungsartänderung nach Funktionsbearbeitung

Durch die Leistungszuordnung zu Funktionen werden alle Deliverables innerhalb eines Geschäftsprozesses modelliert. Der Output der letzten Funktion eines Geschäftsprozesses gibt die Abschlußleistung des Geschäftsprozesses an.

Durch die Zuordnung von Kostenarten zu den Leistungen, wie sie bei der isolierten Beschreibung der Leistungssicht entwickelt wurde, ist auch der Kostenfluß innerhalb des Prozesses einbezogen.

Im Leistungsfluß innerhalb des Funktionsablaufs ist auch die Leistungsstruktur, also die Stückliste, enthalten.

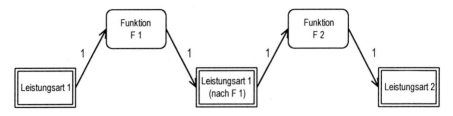

Abb. 132 Leistungsfluß ohne Änderung der Leistungsbezeichnung
nach Funktionsbearbeitung

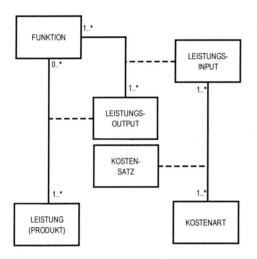

Abb. 133 Meta-Modell für lediglich Statusänderung nach Funktionsbearbeitung

Eine strenge Trennung zwischen den Darstellungen von Produktstrukturen und den Prozessen zur Erzeugung der Produkte führt zu Substitutionsbeziehungen in der Darstellung des Kontrollflusses (vgl. Abb. 134). Durch die Zuordnungsmöglichkeiten von Leistungen und Prozessen wird ein Prozeß immer so auf die Erstellung einer Output-Leistung aus Input-Leistungen bezogen, wie die Leistungen in der Leistungsstruktur abgebildet sind.

In Abb. 134a wird die Leistungsstruktur durch zwei Zwischenprodukte charakterisiert. Zur Erstellung der Leistungen wird jeweils eine Funktion benötigt, so daß vier EPK mit jeweils einer Funktion die Herstellung der Produkte beschreiben.

In Abb. 134b wird die gleiche Leistungsstruktur durch lediglich zwei Leistungen abgebildet - die Zwischenprodukte sind nicht definiert. Der zugehörige Geschäftsprozeß für die Gesamtleistung ist nun komplexer; die parallele Bearbeitung wird nicht mehr in der Stückliste, sondern im Prozeß erfaßt.

Dieser Effekt erklärt, warum in der industriellen Fertigung die Arbeitspläne in der Regel nur wenige Arbeitsgänge (Funktionen) umfassen (zwischen sieben und fünfzehn), da die überwiegende Prozeßstruktur in der Stückliste erfaßt ist.

Bei der generellen Geschäftsprozeßmodellierung wird dagegen von der gesamten Prozeßstruktur ausgegangen. Bei ihr sind die Zwischenprodukte nur implizit enthalten. Sie enthält deshalb eine Vielzahl von Funktionen und alle Parallelitäten. Je mehr aber auch dort Leistungen und Prozesse mit ihren Beziehungen getrennt verwaltet werden, ergeben sich die gleichen Möglichkeiten, indem die Leistungsstruktur die wesentliche Prozeßstruktur abbildet und die Prozesse lediglich die direkten Input/Output-Prozesse pro Leistung abbilden.

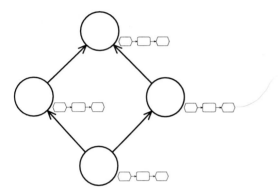

Abb. 134a Prozeß- und Leistungsstruktur mit Zwischenprodukten

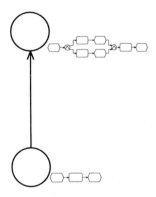

Abb. 134b Prozeß- und Leistungsstruktur ohne Zwischenprodukte

In der UML wird mit Aktivitätsdiagrammen (Action Diagrams oder Activity Diagrams) der Fluß der von Funktionen bearbeiteten Objekte dargestellt (vgl. Abb. 135). Die von den Funktionen bewirkten Statusänderungen können als Deliverables und damit als Informationsdienstleistungen interpretiert werden. Das

Meta-Modell (vgl. Abb. 133) entspricht bereits diesem Objektfluß. Zusätzlich werden bei Aktivitätsdiagrammen auch die Organisationseinheiten zugeordnet.

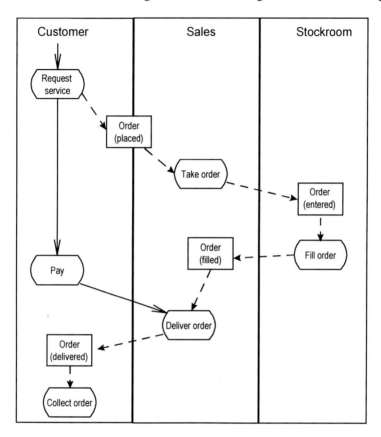

Abb. 135 Actions and object flow
(aus UML Notation Guide 1997, Fig. 56)

A.III.3.2 Konfiguration

Nach Abschluß einer Funktion werden der Steuerungsebene des Geschäftsprozesses der Leistungsfortschritt und die angefallenen Kosten übermittelt. Je nach Leistungsart (Sach- oder Dienstleistungen) werden diese Daten von Betriebsdatenerfassungssystemen oder bei Informationsdienstleistungen von Workflow-Systemen geliefert.

Dem Prozeßsteuerungssystem wird bei der Konfiguration die für eine Funktion zu verfolgenden Leistungs- und Kostenarten mitgeteilt.

Die von einer Funktion erzeugten und weiterzuverarbeitenden Informationsdienstleistungen werden als Datenmappen (Folder) definiert. Diese Angaben dienen zur Konfiguration des Workflow-Systems, insbesondere zur Definition der elektronischen Mappen.

A.III.4   Beziehungen zwischen Organisation und Daten

Abb. 136 zeigt die Einordnung der Beziehungen zwischen Organisation und Daten in das ARIS-Haus.

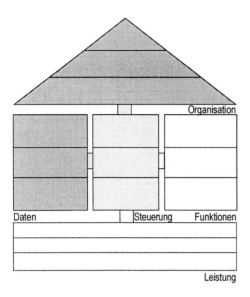

Abb. 136 Beziehungen zwischen Organisation und Daten

A.III.4.1 Fachkonzeptmodellierung

Analog dem Funktionsebenenmodell, bei dem die Hauptfunktionen den Dispositionsebenen einer Unternehmung zugeordnet wurden (vgl. oben Abb. 87) ist in Abb. 137 ein Datenebenenmodell dargestellt, in dem wichtige Datenobjekte den Dispositionsebenen zugeordnet sind. Der Zusammenhang zwischen Organisationseinheiten und Daten kann mit Begriffen wie verwendet, leseberechtigt oder verantwortlich für update näher qualifiziert werden. Abb. 138 zeigt das zugehörende Meta-Modell.

Bei einer detaillierteren Betrachtung werden Berechtigungen für Benutzer auf der Ebene von Attributen durch Operationen wie Anlegen, Löschen, Ändern oder Lesen definiert. Diese Berechtigungen können in Form von Tabellen dargestellt werden. Das Meta-Modell hierzu zeigt Abb. 139. Der Benutzer wird als Stellenbesetzung, d. h. durch Zuordnung eines Mitarbeiters zu einer bestimmten Organisationseinheit, definiert.

Pro Operationstyp und Benutzer wird festgelegt, welche Attribute er bearbeiten darf. Dabei können auch zusätzliche Eingrenzungen bezüglich der Wertausprägung eines Attributes angegeben werden, z. B. daß ein Mitarbeiter der Personalabteilung nur Gehaltswerte lesen darf, die unter einem bestimmten Betrag liegen. Dieses wäre dann durch Attributwerte der Assoziation BENUTZERBERECHTI-

GUNG näher zu spezifizieren. Auch ist es vorstellbar, daß mehrere Operationstypen für eine Stellenzuordnung mit unterschiedlichen Berechtigungen versehen sind. Beispielsweise kann ein Personalmitarbeiter bis zu einer bestimmten Gehaltssumme Werte ändern und bis zu einer anderen Gehaltsgrenze Werte lesen.

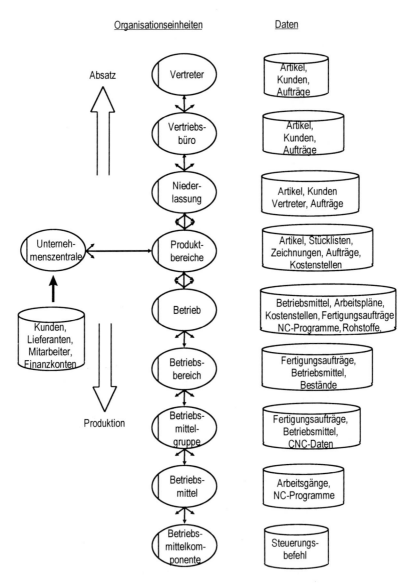

Abb. 137 Datenebenenmodell

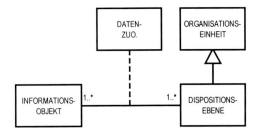

Abb. 138 Meta-Modell zur Verbindung Organisation mit Daten

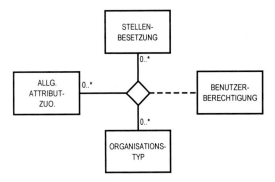

Abb. 139 Meta-Modell Benutzerberechtigungen

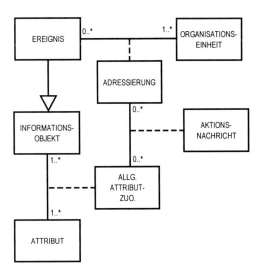

Abb. 140 Ereignissteuerung von Organisationseinheiten

Verbal	In der DML QUEL von Ingres

<u>Formulierung der Zugriffsbedingungen</u>

Der Abteilungsleiter Müller darf auf alle Sätze der Angestellten seiner Abteilung A 43 zugreifen.	RANGE OF X IS ANGESTELLTER RESTRICT ACCESS FOR 'MUELLER' TO ANGESTELLTER WHERE X.ABT-ZUGEH='A 43'

<u>Formulierung der Anfrage</u>

Suche die Namen aller Angestellten, die mehr als 50000 DM verdienen.	RANGE OF X IS ANGESTELLTER RETRIEVE INTO LISTE (X.NAME) WHERE GEHALT > 50000

<u>Zusammengesetzte Anfrage</u>

RANGE OF X IS ANGESTELLTER
RETRIEVE INTO LISTE (X.NAME)
WHERE X.GEHALT < 50000
AND
X.ABT-ZUGEH='A 43'

Abb. 143 Benutzerberechtigungen in QUEL
(aus Reuter, Sicherheits- und Integritätsbedingungen 1987, S. 361 f.)

Der Schutzmechanismus kann durch Tabellendarstellungen formuliert werden. Alle relevanten Anfragen an die Datenbank müssen dann anhand der Tabelle überprüft werden. Eine besondere Form der Implementierung wird von dem relationalen Datenbanksystem INGRES angeboten. Hier werden die Berechtigungsregeln in Form sogenannter Range-Bedingungen formuliert, die dann bei der Ausführung einer Anfrage mit der Anfragenformulierung zu einem DML-Befehl zusammengefaßt werden und damit in der gleichen Syntax verarbeitet werden. Ein sich selbst erklärendes Beispiel ist in Abb. 143 angegeben.

A.III.4.3.2 Verteilte Datenbanken

Beim Fachkonzept werden den Organisationseinheiten Daten unabhängig von ihrer physischen Speicherung logisch zugeordnet. Im Rahmen des DV-Konzepts werden Ausschnitte des Datenbankschemas auf Rechnerknoten verteilt. Dabei können die Ausschnitte von unterschiedlichen Datenverwaltungssystemen betreut werden, die allerdings miteinander kommunizieren. Das Datenbanksystem hat somit zwei Aufgaben: Einmal muß es die lokalen Datenbestände eines Knotens verwalten, zum anderen für die Koordination zwischen den lokalen Datenbeständen sorgen.

Gründe für den Einsatz verteilter Datenbanken sind die erhöhte Verfügbarkeit des Gesamtsystems, die höhere Aktualität, geringere Kosten und erhöhte Flexibilität (*vgl. Nerreter, Zur funktionalen Architektur von verteilten Datenbanken 1983, S. 2 f.; Jablonski, Datenverwaltung in verteilten Systemen 1990, S. 5*). Allerdings ist der Koordinationsaufwand sehr hoch.

Die Eigenschaften eines verteilten Datenbanksystems wurden von Date in 12 Regeln zusammengefaßt, wobei die Regel 0 als Fundamentalprinzip einer verteilten Datenbank gilt (*vgl. Date, Distributed Databasesystems 1987*).

Regel 0:   **Fundamentalprinzip**
Eine verteilte Datenbank muß für einen Benutzer wie eine nicht verteilte, d. h. zentralisierte Datenbank erscheinen.
Diese Regel berechtigt, die einheitlich definierten Integritätsbedingungen und Zugriffsberechtigungen weiterhin aufrechtzuerhalten, da sie von der Verteilung der Daten des jeweils zugrundeliegenden Schemas nicht betroffen sind.

Regel 1:   **Lokale Autonomie**
Jeder Knoten soll die ihm zugeordneten lokalen Daten auch lokal verwalten, d. h. Datensicherheit, Datenintegrität und Datenspeicherung werden lokal kontrolliert. Hierdurch wird gewährleistet, daß bei rein lokalen Operationen kein Nachteil aus der Teilnahme an einem verteilten System entsteht.

Regel 2:   **Keine Abhängigkeit der lokalen Komponenten von einer zentralen Komponente**
Dieses bedeutet, daß jeder Standort gleichberechtigt ist. Die Unterordnung eines Knotens unter ein zentrales System würde sofort bei seinem Zusammenbruch das Gesamtsystem beeinträchtigen.

Regel 3:   **Dauerbetrieb**
Das System soll bei Zu- oder Abschalten von Knoten nicht unterbrochen werden müssen.

Regel 4:   **Lokale Transparenz**
Der Benutzer braucht den Standort gespeicherter Daten nicht zu kennen.

Regel 5   **Fragmentierungstransparenz**
Relationen können in Fragmente aufgesplittet werden, um die Leistungsfähigkeit des Systems zu erhöhen. Der Benutzer kann sich trotzdem so verhalten, als sei der Datenbestand nicht gestückelt.

Regel 6:   **Replizierungstransparenz**
Gleiche Daten können an mehreren Orten in Kopien alloziert sein. Dem Benutzer braucht die Existenz von Kopien dabei nicht bewußt zu sein.

Regel 7:   **Verteilte Bearbeitung von Datenbankoperationen**
Zur verteilten Abarbeitung von Anfragen können Optimierer eingesetzt werden.

Regel 8:   **Verteiltes Transaktionsmanagement**
In einem verteilten System kann jede einzelne Transaktion Aktualisierungsprozesse an anderen Standorten beinhalten. Wenn eine Transaktion nicht zum Abschluß gelangt, ist das Update wieder rückgängig zu machen.

Regel 9:   **Hardware-Transparenz**
              Das Datenbankverwaltungssystem sollte auf unterschiedlichen Hardware-Systemen arbeiten.
Regel 10:   **Betriebssystemtransparenz**
              Das Datenbankverwaltungssystem sollte unter mehreren Betriebssystemen lauffähig sein.
Regel 11:   **Netzwerktransparenz**
              Das Datenbankverwaltungssystem sollte verschiedene Netzwerke unterstützen.
Regel 12:   **Datenbankverwaltungssystem-Transparenz**
              Ein verteiltes Datenbanksystem sollte auch bei verschiedenen lokalen Datenbankverwaltungssystemen möglich sein, in dem z. B. Gateways als Brücke zwischen unterschiedlichen Datenbanken eingerichtet werden.

Unter Beachtung dieser Eigenschaften wird in Abb. 144 das Informationsmodell entwickelt. Hierbei wird an den eingeführten Begriffen des DV-Konzepts der Organisationssicht, ausgedrückt durch die Netztopologie, und der Datensicht, ausgedrückt durch das Relationenschema, angeknüpft (*vgl. auch Jablonski, Datenverwaltung in verteilten Systemen 1990, S. 198*).

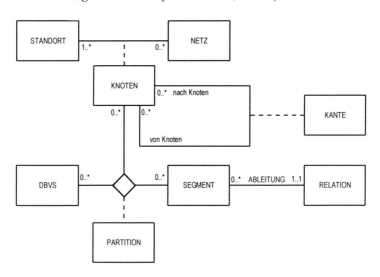

Abb. 144 Verteilte Datenbanken

Die Fragmentierungseigenschaft bedeutet, daß eine Relation horizontal und/oder vertikal geteilt werden kann. Hierbei wird jedem Fragment der Schlüssel der Basisrelation übertragen. Die Fragmente können sich überschneiden (vgl. Abb. 145). Die gebildeten Fragmente werden in Abb. 144 durch die Klasse SEGMENT repräsentiert. Ein Segment ist dabei jeweils eindeutig einer RELATION zuzuordnen. Wird ein Segment einem bestimmten Rechnerknoten und Datenbankverwaltungssystem zugeteilt, so wird dieses allokierte Datensegment als PARTITION bezeichnet (*Jablonski, Datenverwaltung in verteilten Systemen 1990, S. 193*).

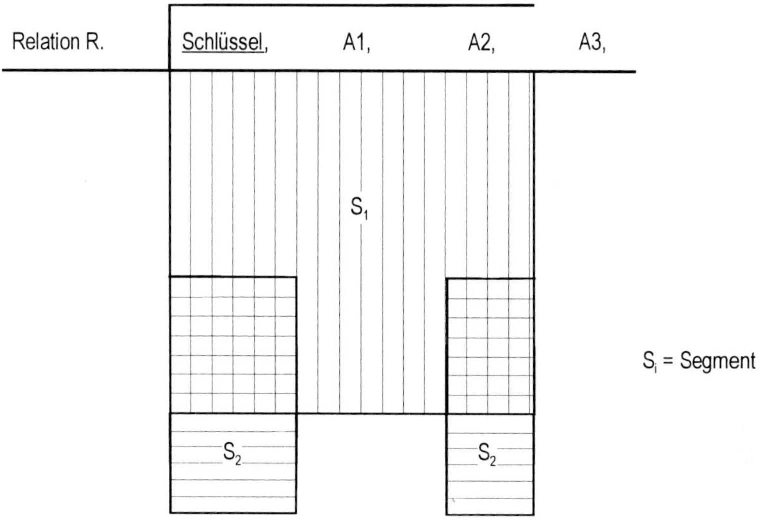

Abb. 145 Segmentierung einer Relation

Client/Server Systeme sind eine vereinfachte Form verteilter Systeme, indem auf Transparenzbedingungen verzichtet wird. Ein Client wendet sich mit einem definierten Datenwunsch an den Datenbank-Server, der dann über seine internen Datenverwaltungsfunktionen diesen Wunsch erfüllt. Die Zuordnung von Relationen zu einem Datenbank-Server ist als Teilmenge in dem Meta-Modell enthalten.
Im Rahmen der Implementierung werden die physischen Daten den physischen Komponenten von Speichersystemen zugeordnet. Die Verwaltung eines transparenten verteilten Systems ist mit schwierigen Koordinationsproblemen verbunden, so daß erst Ansätze durch verfügbare Datenbanksysteme realisiert sind.

A.III.5 Beziehungen zwischen Organisation und Leistungen

Abb. 146 zeigt die Einordnung der Beziehungen zwischen Organisation und Leistungen in das ARIS-Haus.

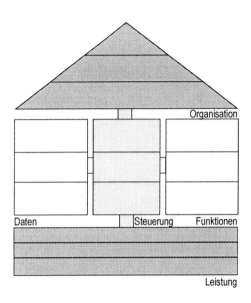

Abb. 146 Beziehungen zwischen Organisation und Leistungen

A.III.5.1 Fachkonzeptmodellierung

Entsprechend der Zuordnung von Funktionen und Daten zu den Dispositionsebenen einer Unternehmung sind in Abb. 147 Output-Leistungen den Dispositionsebenen zugeordnet. Die Leistungen dienen z. B. dazu, Basis für Vorgaben zur leistungsorientierten Steuerung zu liefern. Einige der angegebenen Leistungen werden von der gleichen Organisationseinheit weiterverarbeitet, z. B. die Kundenkontakte des Vertreters zu akquirierten Angeboten, andere werden an die nächste Organisationseinheit weitergegeben, z. B. die vom Vertreter akquirierten Angebote an das Vertriebsbüro zur Weiterverarbeitung. Aber auch die Zwischenprodukte sind das Ergebnis einer konkreten Funktion der Organisationseinheit, die von einer folgenden Funktion der gleichen Organisationseinheit benötigt werden. Dabei können innerhalb der definierten Organisationseinheiten auch unterschiedliche (Sub-)Organisationseinheiten (Arbeitsgruppen, Arbeitsplätze) beteiligt sein. Es hängt also von der Granularität der Organisationsbetrachtung ab, wie viele Zwischenprodukte innerhalb einer Organisationseinheit auftreten.

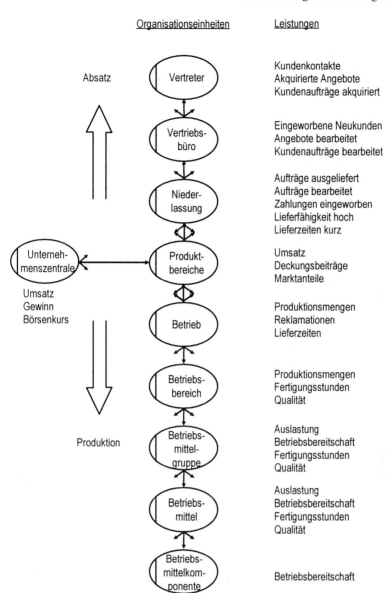

Abb. 147 Leistungsebenenmodell

Häufig wird auch nur der Fluß der Output-Leistungen von Organisationseinheiten dargestellt, die von anderen Organisationseinheiten bezogen werden.

In Abb. 148 ist ein detaillierter Leistungsfluß zwischen den Organisationseinheiten Vertreter und Vertriebsbüro angegeben. Zusätzlich ist auch der Leistungsfluß zum Kunden einbezogen.

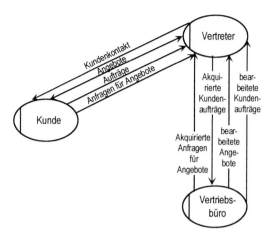

Abb. 148 Leistungsfluß zwischen Organisationseinheiten

Externe Aktoren wie Kunden, Lieferanten, Staat usw. werden auch als Organisationseinheit definiert. Zur Modellierung von groben Leistungsflüssen werden auch Interaktionsdiagramme eingesetzt.

Merkmal einer Leistung ist, daß der Empfänger bereit sein muß, einen Preis für sie zu zahlen, d. h. daß er ihren Nutzen anerkennt.

Innerhalb der Betriebswirtschaftslehre besitzt der Leistungsfluß zwischen Organisationseinheiten bei der Kostenstellenrechnung eine besondere Bedeutung. Zur Planung der Kosten einer Kostenstelle werden Leistungsindikatoren, die als Bezugsgrößen bezeichnet werden, definiert. In Abb. 149 ist dazu ein einfaches Beispiel angegeben. Für die Bezugsgrößen werden dann Kostensätze bestimmt, die zur Kalkulation der Produkte herangezogen werden.

Um die Kosten einer Kostenstelle zu erfassen, müssen auch die von anderen Kostenstellen empfangenen Leistungen bewertet werden. Dieses führt zum bekannten Problem der Bestimmung der Kostensätze für innerbetriebliche Leistungen.

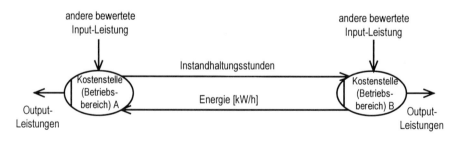

Abb. 149 Innerbetriebliche Leistungsverrechnung

Die Zusammenhänge des Leistungsflusses zwischen Organisationseinheiten sind in Abb. 150 als Meta-Modell dargestellt.

Die Assoziation LIEFERUNG gibt die grundsätzliche Leistungsverflechtung zwischen den Organisationseinheiten an. Die mit ZEIT verknüpfte Assoziation LIEFERUNG-ZEIT-ZUORDNUNG enthält die konkreten Leistungsbeziehungen im Zeitablauf mit ihren Mengen- und Wertangaben.

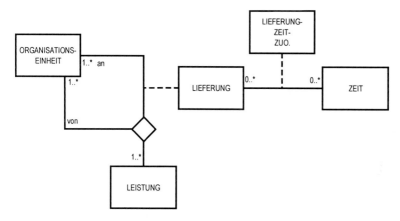

Abb. 150 Meta-Modell des Leistungsflusses

A.III.5.2 Konfiguration

Die von einer Organisationseinheit erbrachten Leistungsarten und -mengen sind eine wesentliche Grundlage zur Prozeßplanung und -steuerung.

Die Abweichungen der Ist- von den Plan-Werten dienen zur Korrektur der Plan-Kosten in Soll-Kosten. Deshalb konfigurieren die einer Organisationseinheit zugeordneten Leistungen Systeme zur Kosten- und Leistungsrechnung.

Die von Workflow bei einer Organisationseinheit zu erfassenden Leistungen werden direkt aus dem Modellzusammenhang abgeleitet. Dabei können die Organisationseinheiten bis auf Arbeitsplatzebene detailliert werden. Bei Informationsdienstleistungen entspricht die Leistungsdefinition der Statusdefinition der zu transportierenden Mappen.

In grober Form definieren die den Organisationseinheiten zugeordneten Leistungen auch die benötigte Funktionalität.

Beispielsweise sind die Funktionalitäten unterschiedlich, wenn von einer Organisationseinheit lediglich einfache Aufträge und von einer anderen auch komplexe Aufträge zugeordnet werden.

Anstelle einer direkten Funktionszuordnung an Organisationseinheiten kann dies also auch über die Leistungen erfolgen, wenn der Zusammenhang zu Funktionen über die Beziehung zwischen Leistung und Funktionen bekannt ist.

A.III.6 Beziehungen zwischen Daten und Leistungen

Abb. 151 zeigt die Einordnung der Beziehungen zwischen Daten und Leistungen in das ARIS-Haus.

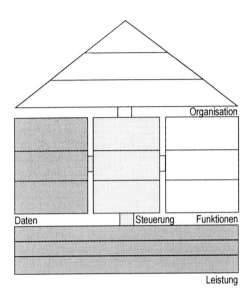

Abb. 151 Beziehungen zwischen Daten und Leistungen

A.III.6.1 Fachkonzeptmodellierung

Der Zusammenhang zwischen Leistungen und Daten ist bereits dadurch gegeben, daß Informationsdienstleistungen durch Daten dargestellt werden. Dazu zeigt Abb. 152 ein Beispiel. Die Informationsdienstleistungen als Ergebnis der Funktionen bestehen darin, daß die Auftragsdaten erfaßt und geprüft sind. Diese Leistungen werden durch den Status von Daten (erfaßt und geprüft) dargestellt. Der Status ist bei der Erfassung durch die Existenz der erfaßten Daten gegeben, die Prüfung kann aber nur durch eine Markierung oder Quittung durch den Prüfer erkannt werden.

Für beide Informationen ist in dem Datenobjekt AUFTRAG ein Statusattribut angelegt, aus dem der Auftragsstatus und damit der Leistungsstand explizit erkannt wird. Sachleistung und sonstige Dienstleistungen besitzen einmal ihre eigene materielle oder nichtmaterielle Repräsentation, werden aber in Informationssystemen zusätzlich durch Datenobjekte beschrieben. Sachleistungen werden z. B. durch Stücklisten oder CAD-Zeichnungen, Dienstleistungen werden durch Pflichtenhefte oder sonstige Texte dokumentiert. Darüber hinaus können multimediale Produktbeschreibungen (z. B. Videos) bestehen.

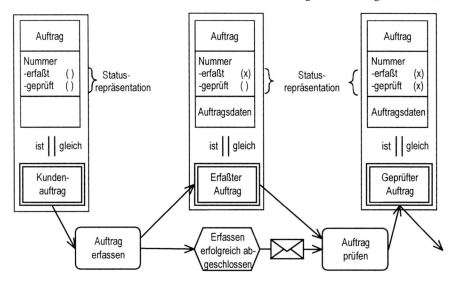

Abb. 152 Beispiel für Zusammenhang Daten und Informationsdienstleistungen

Ein Material, das in einer Fertigung bearbeitet wird, existiert somit einmal als materielle Leistung, wird aber parallel durch ein Informationsobjekt TEIL repräsentiert (vgl. Abb. 153). In diesem Informationsobjekt wird dann der Status genauso erfaßt wie bei einem Objekt der Informationsdienstleistung. Der Unterschied besteht also lediglich darin, daß bei Sach- und sonstigen Dienstleistungen die Datenobjekte die Leistung beschreiben, während bei Informationsdienstleistungen Leistungs- und Beschreibungsobjekte identisch sein können.

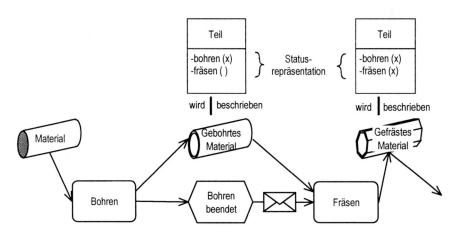

Abb. 153 Beispiel für Zusammenhang Daten und Sachleistungen

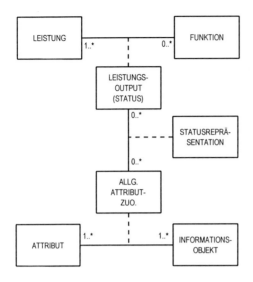

Abb. 154 Meta-Modell für die Beziehungen zwischen Daten und Leistungen

Für das Meta-Modell besitzt der Unterschied zwischen materiellen Leistungen und Informationsdienstleistungen keine Bedeutung (vgl. Abb. 154).

Da die Leistungen als eigene Klasse definiert sind, ist der Status nach einer Bearbeitung durch die Assoziation OUTPUT zu FUNKTION hergestellt. Es wird also zugelassen, daß eine Leistung mehrere Bearbeitungsstatus besitzt und nicht nach jeder Funktion eine neue Leistungsbezeichnung erhält.

Diesem Bearbeitungsstatus werden bestimmte Attributwerte zugeordnet, so daß eine Assoziation zu ALLG. ATTRIBUTZUORDNUNG hergestellt wird. Diese Zuordnung kann sowohl eine Entsprechung („ist gleich") oder eine Beschreibung bedeuten. Beides wird durch die Klasse STATUSREPRÄSENTATION ausgedrückt.

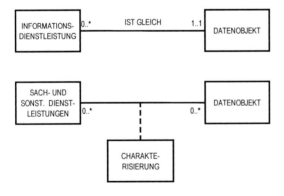

Abb. 155 Allgemeiner Zusammenhang zwischen Daten und Leistungen

Eine Leistung kann dabei durch Kombination von Attributen mehrerer Datenobjekte ausgedrückt werden.

Die beiden grundsätzlichen Assoziationen IST GLEICH und CHARAKTERISIERUNG sind in Abb. 155 erfaßt. Dabei kann sich die Rolle für ein Datenobjekt ändern. So ist die im Produktentwicklungsprozeß mit Hilfe eines CAD-Systems erstellte Zeichnung die Leistung, so daß hier die Identitätsbeziehung gilt. Für die Produktionsprozesse, in denen das durch die Zeichnung beschriebene Produkt gefertigt wird, besitzt die Zeichnung dann beschreibenden Charakter für die Produktleistung.

A.III.6.2 Konfiguration

Da sich Überschneidungen zu den isolierten Beschreibungen von Leistungen und Daten ergeben, werden die Konfigurationsmöglichkeiten nur angedeutet.

Den zur Leistungskontrolle definierten Leistungen können direkt ihre Datenrepräsentationen zugeordnet werden und an die Steuerungssysteme weitergegeben werden.

Die Rückmeldungen des Leistungsflusses des Workflow werden über die Datendefinitionen konfiguriert.

Die Zuordnung von Daten zu Leistungen ermöglicht es bei Standardsoftware, durch die Angabe der in einer Unternehmung zu erstellenden Leistungen die benötigten Daten (z. B. Stücklisten, Qualitätsprüfergebnisse usw.) zu bestimmen.

A.III.7 Gesamtmodelle für alle ARIS-Sichten

Bei der systematischen Behandlung aller Zweier-Beziehungen des ARIS-Konzepts wurden alle wesentlichen Modellierung-, Konfigurations- und Umsetzungsaspekte von Geschäftsprozessen behandelt. Die Integration aller ARIS-Sichten zu Gesamtmodellen verdeutlicht abschließend nochmals das Gesamtkonzept. Dabei wird auf Implementierungsaspekte nicht mehr eingegangen.

A.III.7.1 Fachkonzeptmodellierung

Grundsätzlich kann jede ARIS-Sicht (Funktion, Organisation, Daten, Leistung, Steuerung) im Zentrum einer Gesamtbetrachtung stehen, um die sich dann die Elemente der anderen Sichten ranken. Mit der Prozeßsicht und der Objektsicht werden zwei in der Arbeit besonders herausgestellte Sichten als Zentrum für Gesamtmodelle verwendet.

A.III.7.1.1 Prozeßmodelle

Das Vorgangskettendiagramm der im Rahmen der strategischen Planung verwendeten Abb. 12a und b gibt eine tabellarische Darstellung von Geschäftsprozessen. Eine Zeile in einem Vorgangskettendiagramm gibt an, wie eine Funktion innerhalb eines Ablaufes von einem Ereignis aktiviert wird, welche Datenobjekte mit welchen Attributen bearbeitet werden, welche Organisationsabteilung beteiligt ist und welche Leistungen eingesetzt bzw. erzeugt werden. Zusätzlich kann angegeben werden, welches Anwendungssystem zur Funktionsunterstützung eingesetzt wird.

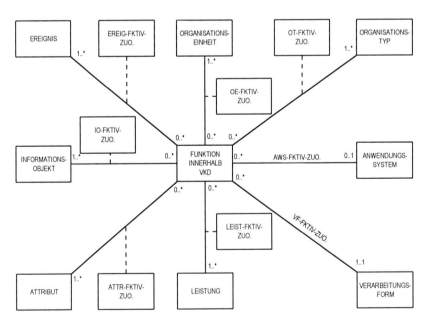

Abb. 156 Meta-Modell zum Vorgangskettendiagramm

Abb. 156 zeigt das grobe Meta-Modell dieses Zusammenhangs, in dem die Funktion innerhalb des Prozeßablaufs im Mittelpunkt steht.

Ein integrierter Geschäftsprozeß kann anstelle einer Tabelle auch im Freiformformat abgebildet werden, indem in eine EPK alle ARIS-Sichten einbezogen werden. Dieses entspricht dann der Darstellung des generellen ARIS-Geschäftsprozeßmodells *(vgl. Scheer, ARIS - Vom Geschäftsprozeß zum Anwendungssystem 1998, S. 31)*. Die Meta-Struktur entspricht der des Vorgangskettendiagramms, da der gleiche Sachverhalt, nur in unterschiedlicher Präsentationsform, dargestellt ist. Deshalb lassen sich auch beide Darstellungen auseinander ableiten.

A.III.7.1.2 Business Objects

Auch Business Objects entsprechen einer gesamthaften Betrachtung. Die Definition eines Business Object wurde hier zwar zunächst als komplexes Datenobjekt oder als Verbindung zwischen Daten und Funktionen eingeführt, jedoch sind in einem Business Object auch Leistungs-, Organisations- und Kontrollfluß enthalten.

Ein Business Object wird somit durch die Zuordnung dieser Elemente definiert (vgl. Abb. 157). Zu den Methoden bzw. Funktionen gehören auch die Methoden, die von außen durch Nachrichten aktiviert werden können. Diese werden für das SAP-R/3-System z. B. als BAPI (Business Application Programming Interface) bezeichnet. Das Meta-Modell für Business Objects zeigt Abb. 158.

Die einem Business Object zugeordneten Daten und Methoden werden mit einem Prozeßmodell verbunden, um die interne Ablaufsteuerung aufzunehmen. Gleichzeitig werden die Masken zugeordnet. Die vom Business Object benötigten bzw. erzeugten Leistungen werden durch ein Leistungsmodell erkannt.

Eine Anwendung besteht dann aus mehreren Business Objects, die von einem für die Anwendung definierten Geschäftsprozeß gesteuert wird (vgl. Abb. 159).

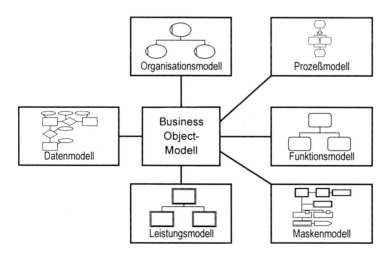

Abb. 157 Business-Object-Modell

Dabei können für eine betriebswirtschaftliche Funktion mehrere Business Objects benötigt werden und auch mehrere betriebswirtschaftliche Funktionen das gleiche Business Object benötigen. Da sich auch Business Objects untereinander aufrufen können, ohne einer betriebswirtschaftlichen Funktion zugeordnet zu sein, ist dieser Nachrichtenfluß gestrichelt dargestellt.

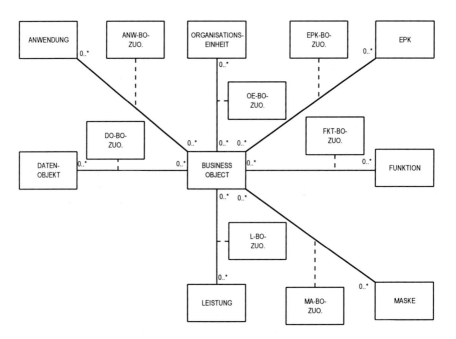

Abb. 158 Meta-Modell Business Object

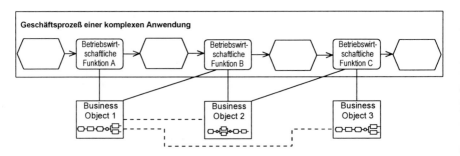

Abb. 159 In eine Anwendung eingebettete Business Objects

A.III.7.2 Konfiguration

Auch die Konfiguration bereits existierender Anwendungen bzw. die Montage von Anwendungen aus Bausteinen wird durch Einbeziehung aller ARIS-Sichten zusammengefaßt.

A.III.7.2.1 Konfiguration anhand von Geschäftsprozeßmodellen

Die möglichen Konfigurationen innerhalb des ARIS-Geschäftsprozeßmodells zeigt Abb. 160. Die folgenden Möglichkeiten werden von dem Software-System ARIS-Framework bereits praktisch unterstützt (*vgl. IDS, ARIS-Framework 1997*).

Im Teil (a) wird der Ausschnitt einer bestehenden Prozeßkette zur Einkaufsabwicklung gezeigt. Bei Auftreten eines der Initialisierungsereignisse werden beide Wege zur Funktion Verkaufsdaten- und Einkaufsdaten pflegen beschritten. Dieses Prozeßmodell wird durch das ARIS-Framework prototypisch in ein lauffähiges System umgesetzt.

Im Teil (b) werden die Einflußnahmen des Benutzers gezeigt, durch Modelländerungen das System neu zu konfigurieren. Durch das Einfügen der Funktion Warenwert prüfen aus dem zur Verfügung stehenden Funktionsbaum wird auch in dem System diese Funktion durch entsprechende Funktionsmodule erweitert.

Die Prüfung wird von der Organisationsabteilung Wareneingang anhand des Attributes Warenwert ausgeführt. Diese Informationen werden vom Workflow-System interpretiert.

Bei Überschreiten des Warenwert-Kriteriums wird die Funktion Einkaufs-/Verkaufsdaten pflegen vom Abteilungsleiter ausgeführt.

Die Funktion faßt die beiden Funktionen Einkaufs- und Verkaufsdatenpflege zusammen. Dieser neue Zweig wird im Modell ergänzt und wird sowohl vom Workflow-System als auch vom Framework interpretiert. Der Funktion Einkaufs-/Verkaufsdaten pflegen wird ein neues Modul aus dem Modulbaum zugeordnet.

Aufgrund der Funktionszusammenfassung wird auch eine neue Maske zugeordnet. Das ARIS-Framework sorgt mit dem ARIS-Workflow-System dafür, daß diese Modelländerungen prototypisch in ein lauffähiges System umgesetzt werden.

Damit sind in dem Beispiel die Konfigurationsmöglichkeiten:

– Ablaufänderung,
– Hinzufügen von Funktionen,
– Funktionsintegration,
– Organisatorische Zuständigkeit ändern,
– Maskenänderung

zusammengestellt und zeigen die mächtigen Möglichkeiten zur Systemanpassung im Bereich des Continuous Process Improvement (CPI).

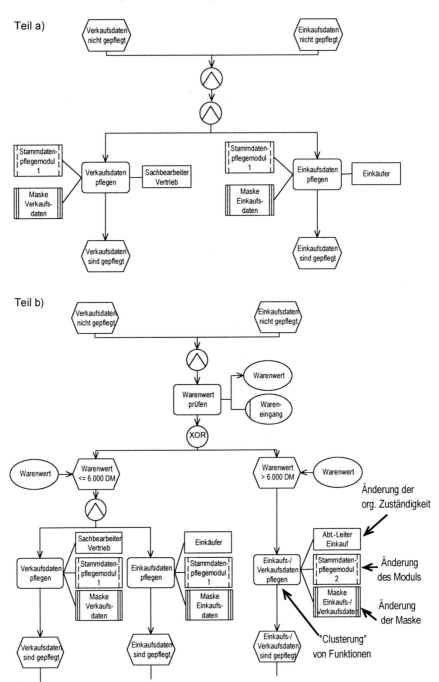

Abb. 160 Konfiguration von Geschäftsprozessen

A.III.7.2.2 Konfiguration von Business Objects

Werden wiederum Business Objects als Ausgangspunkt der Konfiguration gewählt, kann an der Darstellung in Abb. 157 angeknüpft werden.

In Abb. 161 ist gezeigt, wie die Elemente eines Business Object verändert werden können, um aus einem vorgegebenen Business Object ein an die Bedürfnisse des Benutzers angepaßtes Business Object zu generieren.

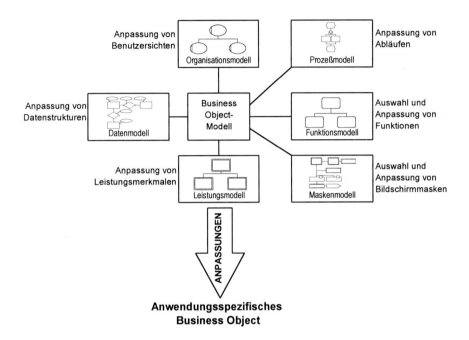

Abb. 161 Business Object mit Anpassungsmöglichkeiten

A.III.7.3 DV-Konzept

Während bei der Fachkonzeptbeschreibung Prozeß- und Objektsicht gleichberechtigt nebeneinander stehen, aus der Anwenderperspektive sogar die Prozeßsicht vorzuziehen ist, dominiert auf den nachfolgenden Sichten die Objektdarstellung. Hierdurch können die implementierungsnahen Ziele wie Wiederverwendung von Programmen und Wartbarkeit eines Systems besser unterstützt werden.

Zur Anpassung an das DV-Konzept werden die fachlichen Elemente Funktion, Organisationseinheit, Datenobjekt, Leistung usw. in die Elemente Modul, Knoten, Relation und Leistungsobjekt überführt.

Auch werden einem Business Object die Schnittstellen zur Middleware, die zwischen Anwendungssoftware und der Hardware „vermittelt", zugeordnet.

Besondere Bedeutung besitzen dabei Kommunikationsstellen, die von einem Business Object für den Zugriff von anderen Business Objects bereitgestellt werden. Hierzu gehören z. B. CORBA, COM/DCOM und Remote Method Invocation (RMI) für Java (vgl. Abb. 162).

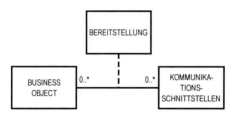

Abb. 162 Schnittstellen für Business Objects

Die Elemente können nun zu einem Business Object des DV-Konzepts zusammengestellt werden.

Es enthält für einen betriebswirtschaftlichen Tatbestand wie Preisermittlung, Kalkulation oder Verfügbarkeitsprüfung alle Komponenten zur funktionalen Ausführung, organisatorischen Verantwortlichkeit, zum Speicherungsort, workflowfähigen Ablauf, zur Datendefinition und -speicherung sowie die Maskendialoge. Es ist fähig, mit anderen Business Objects verbunden zu werden und damit zu komplexen betriebswirtschaftlichen Anwendungen montiert zu werden.

B ARIS-Vorgehensmodelle und Anwendungen

Für einige ausgewählte Anwendungen werden die Vorgehensweisen zur praktischen Nutzung der ARIS-Modelle gezeigt. Im einzelnen werden die Anwendungen

- Einführung von Standardsoftware (SAP R/3),
- Einführung von Workflow-Systemen,
- Systementwicklung mit Frameworks,
- Modellierung mit der UML

behandelt. Die Autoren besitzen jeweils praktische Erfahrungen auf diesen Gebieten.

Weitere Erfahrungsberichte über den Einsatz von ARIS bei

- dem Business Process Reengineering,
- der Qualitätszertifizierung nach dem ISO 9000-Konzept,
- dem Wissensmanagement

werden in *Scheer, ARIS - Vom Geschäftsprozeß zum Anwendungssystem 1998* gegeben.

B.I Einführung von Standardsoftware mit ARIS-Modellen

Dr. Peter Mattheis, Dr. Wolfram Jost, IDS Prof. Scheer GmbH, Saarbrücken

B.I.1 Kritische Punkte bei konventioneller Projektabwicklung

Standardsoftware-Einführungen in Unternehmen können heute noch mit folgenden Mängeln behaftet sein:

- zu lange Einführungszeiten, zu hohe Einführungskosten,
- fehlende Sicherheit hinsichtlich Terminen und Kosten,
- Risiken bei der Datenübernahme,
- unzureichende qualitative Absicherung des Einführungsprozesses,
- keine Verwendung von Standards/Vorlagen,
- keine Nutzung von Erfahrungswissen.

Zur Behebung dieser Unzulänglichkeiten ist ein strukturiertes, methodisches Vorgehen erforderlich, in dem auf das Erfahrungswissen sowohl hinsichtlich der Vorgehensweise als auch hinsichtlich branchenspezifischer Prozesse und Systemeinstellungen zurückgegriffen werden kann.

Viele Standardsoftware-Einführungsprojekte werden als kundenspezifische Individuallösungen abgewickelt. Die Einzigartigkeit des Kunden dominiert das Projekt und Synergien zwischen verschiedenen Projekten werden wegen unzureichender Transparenz über einmal erarbeitete Ergebnisse nicht erzielt.

Diese Mängel der Einführung von Standardsoftware lassen sich aber bei Beachtung folgender Faktoren beheben:

– ausgeprägte Branchenorientierung mit Nutzung von Erfahrungen aus bereits abgeschlossenen Projekten,
– konsequente Geschäftsprozeßorientierung mit Nutzung des Wissens über ihre Abbildbarkeit in der Standardsoftware,
– Einsatz von branchenspezifisch vorkonfigurierten Systemen,
– Einsatz von Tools und Wiederverwendung von Wissen bezüglich Vorgehensweise, branchenspezifischer Prozesse und Systemeinstellungen über Referenzmodelle und Checklisten.

Im folgenden wird die Einführung von Standardsoftware über den Einsatz von verschiedenen ARIS-Modellen beschrieben und die Vorteile der Nutzung des ARIS-Toolset bei diesen Projekten dargestellt.

B.I.2 ARIS-Quickstep for R/3

Die Vorgehensweise zur Implementierung von Standardsoftware wird am Beispiel des SAP R/3-Systems aufgezeigt. Den Einführungsprojekten wird dabei das folgende Vorgehen, abgebildet im Vorgehensmodell **ARIS-Quickstep for R/3** zugrunde gelegt. Das Modell besteht aus den drei Komponenten (vgl. Abb. 163):

– Vorgehensmodell,
– branchenspezifisch voreingestellten R/3-Systemen,
– Dokumentation der voreingestellten R/3-Systeme mittels EPK.

Quickstep for R/3 ist eine Vorgehensweise, die von der IDS Prof. Scheer entwickelt worden ist und sich bei vielen R/3-Einführungsprojekten bewährt hat.

Das in Abb. 164 dargestellte Modell ist in vier Phasen untergliedert und erhebt den Anspruch, Einführungszeiten und -kosten zu reduzieren bei gleichzeitiger Erhöhung der Sicherheit und Qualität der Projektabwicklung.

Die Beschreibung basiert auf ARIS-Modellen; die vier Phasen sind als Wertschöpfungskette dargestellt und die einzelnen Phasen jeweils detailliert als EPK beschrieben. Input/Output-Diagramme beschreiben ein- und ausgehende Daten als Deliverables zu den Detailaktivitäten. Dadurch erhält die Projektabwicklung eine hohe Transparenz und ist planbar und nachvollziehbar. Das Projekt kann effizient verfolgt werden und bei Terminverzögerungen werden Auswirkungen auf den

Endtermin früh ersichtlich, so daß geeignete Steuerungsmaßnahmen eingeleitet werden können.

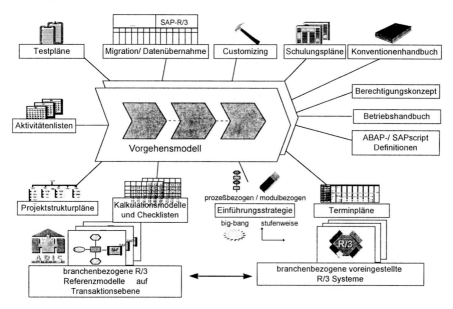

Abb. 163 Quickstep for R/3 - Komponenten

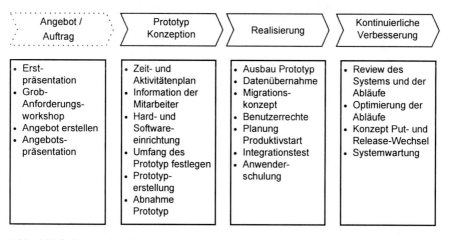

Abb. 164 Quickstep for R/3 - Vorgehen

Quickstep for R/3 ist dem Vorgehensmodell der SAP ASAP(accelerated SAP) konform, da es die gleichen Ziele wie ASAP verfolgt, eine vergleichbare Art der

Projektabwicklung vorschlägt und darüber hinaus als zusätzliche Beschleuniger einen starken Branchenbezug durch branchenspezifisch voreingestellte R/3-Systeme hat.

B.I.3   Darstellung von Phasen der SAP-Einführung gemäß Quickstep for R/3

Angebot/Auftrag

Es wird bewußt auf eine detaillierte Ist-Analyse verzichtet. Eine Geschäftsprozeß-analyse kann aber auf Wunsch des Kunden durchgeführt werden. Insbesondere dann, wenn eine quantitative Bewertung der Ist-Situation über Durchlaufzeiten, Prozeßkosten, Termintreue usw. gewünscht wird, ist sie unerläßlich. Methodisch werden EPK eingesetzt, die auch bei weitläufig vernetzten Darstellungen den Überblick und die Transparenz sicherstellen. Bei der Ist-Situation beschränkt man sich auf eine grobe Darstellung der Prozesse und verwendet einen Detaillierungs-grad von ein bis zwei Stufen.

In den prozeßbezogenen Anforderungsworkshops werden über Checklisten die Anforderungen des Kunden hinsichtlich der SAP-Einführung erfragt und daraus ein für den Kunden verbindliches Angebot erstellt. Quickstep for R/3 liefert dazu prozeßbezogene Kalkulationsmodelle, Projektstrukturpläne, Aktivitätenlisten und Terminpläne in Abhängigkeit der gewählten Einführungsstrategie. Durch diese Vorlagen kann die Projektplanung erheblich effizienter und qualitativ hochwerti-ger durchgeführt werden.

Zur Beurteilung des Einführungsaufwands werden Prozeßbeschreibungen be-nötigt, um den Abdeckungsgrad bzw. den zusätzlich erforderlichen Anpassungs-aufwand der Software beurteilen zu können. Sollten diese Modelle nicht vorliegen oder wird die software-konforme Erarbeitung eines Soll-Konzepts gewünscht, wird folgendes Vorgehen gewählt:

Mit dem Management werden geschäftsprozeßbezogene Visionen erarbeitet. So ist die Frage der konkreten Umsetzung des Supply Chain Management für das Unternehmen zu beantworten, oder welche Chancen moderne Technologien wie Extranet in der Anbindung der Geschäftspartner bieten.

Ausgehend von diesen Visionen wird ein Produktmodell erarbeitet, mit dem die Dienstleistungen und Produkte definiert werden, die das Unternehmen am Markt anbietet. Das Modell stellt die für den Kunden relevanten Kennzeichen der Produkte und Dienstleistungen, die zur Kaufentscheidung führen, dar.

In einem Marktmodell werden die Marketingmaßnahmen, die Vertriebswege und die Erwartungen des Marktes an die Dienstleistungen und Produkte darge-stellt. Beide Modelle müssen aufeinander abgestimmt sein, um das Unternehmen mit seinen Marktleistungen richtig zu positionieren.

Produkt- und Marktmodell werden im ARIS-Toolset abgebildet. Die Bezie-hungen zwischen den einzelnen Komponenten werden für den Anwender gra-phisch und transparent - mit der Möglichkeit erläuternde Informationen zu hin-terlegen - dargestellt.

Ausgehend von dieser Produktstrategie werden die Wertschöpfungsketten definiert, die zur Erstellung und Vermarktung der Produkte erforderlich sind. Dabei werden die eigentlichen wertschöpfenden Prozesse von unterstützenden Funktionen wie z. B. Controlling/Finance und Human Resources unterschieden. Die Wertschöpfungsketten sollten ca. 30-50 Elemente enthalten, um auch hier eine ausreichende Transparenz sicherzustellen. Sie stellen die vom Management verabschiedete strategische Ausrichtung für die eigentliche prozeßorientierte Software-Einführung dar.

Diese strategische Komponente des Projektes ist ein optionaler Bestandteil der Vorgehensweise. Die Erfahrung aus Projekten zeigt jedoch, daß gerade durch diesen Baustein das Management sehr stark auf die Ausrichtung des Projektes Einfluß nehmen kann und hierdurch der wesentliche Teil der später zu erzielenden Nutzenpotentiale bestimmt wird.

Prototyp Konzeption

Zu Beginn dieser Phase wird ein Zeit - und Aktivitätenplan für das Projekt erstellt. Grundlage sind die Terminpläne und Aktivitätenlisten in Quickstep for R/3. Mitarbeiter müssen über den Projektverlauf und die -ziele informiert und Soft- und Hardware installiert werden.

Zur Vorbereitung der Software-Einführung gehört auch die Festlegung des für die R/3-Software relevanten Organisationsmodells. Es sind auf Unternehmensebene Mandanten, Buchungskreise, Geschäftsbereiche und Kostenrechnungskreise zu definieren. In Logistik, Vertrieb und Beschaffung müssen die Organisationsstrukturen festgelegt werden.

Die Organisationsstruktur wird im ARIS-Toolset als Hierarchiediagramm mit den textuellen Begründungen hinterlegt, die zur Festlegung dieser Strukturen führten.

Der Umfang des Prototypen wird festgelegt, indem die relevanten Geschäftsprozesse definiert werden, die über R/3 abgebildet werden sollen. Aus den Geschäftsprozessen werden die benötigten R/3-Module abgeleitet.

Ausgehend von der Wertschöpfungskette werden für die Geschäftsprozesse

- Engineering/Grunddaten,
- Angebots-/Auftragsbearbeitung,
- Beschaffung,
- Produktion,
- After Sales

Prozeßvarianten erarbeitet, die die Freiräume der R/3-Software aufzeigen. So gibt es für die Angebots-/Auftragsbearbeitung u. a. die Varianten der Abwicklung von Standardprodukten, der Abwicklung von komplexen, vorgedachten Produkten unter Einsatz des Produktkonfigurators oder der Bearbeitung von komplexen Projekten unter Einsatz des Projektsystems. Diese Prozeßvarianten werden als Prozesse im ARIS-Toolset abgebildet. Um den Erstellungsaufwand zu reduzieren und die sich weiterentwickelnden Möglichkeiten des R/3-Systems auszunutzen, wird bei der Erstellung der Prozeßvarianten auf das R/3-Referenzmodell und die

Branchenmodelle der IDS zurückgegriffen. Die Branchenmodelle sind eine Dokumentation der Prozesse für von der IDS vorkonfigurierte R/3-Systeme.
Die Anpassung dieser Modelle sollte dezentral durch die späteren Anwender in
den Fachabteilungen erfolgen. Dazu ist die Verwendung von einfach handhabba-
ren Tools mit komfortabler Benutzeroberfläche erforderlich (Look and Feel). Ein
Beispiel für solche Systeme ist ARIS-Easy Design.
Um das Arbeitsteam schrittweise an das SAP-System heranzuführen, besteht
die Möglichkeit, Transaktionscodes hinter den jeweiligen Funktionen der Prozeßmodelle zu hinterlegen. Dadurch kann der Bearbeiter direkt aus dem Prozeßmodell in die Software auf die konkrete Maske verzweigen, so daß die Gewöh-
nung an das System und die Akzeptanz des neuen Systems erhöht werden.
Der Prototyp wird im Arbeitsteam gemeinsam mit dem Kunden erstellt, wobei
auf dem branchenspezifisch vorkonfigurierten System aufgesetzt wird.
Abb. 165 gibt einen Überblick über die Hierarchie der erstellten Modelle.

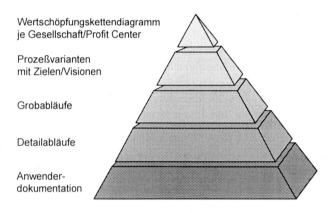

Wertschöpfungskettendiagramm
je Gesellschaft/Profit Center

Prozeßvarianten
mit Zielen/Visionen

Grobabläufe

Detailabläufe

Anwender-
dokumentation

Abb. 165 Modellhierarchie

Realisierung

In der Realisierungsphase wird der Prototyp ausgebaut und die Datenübernahme,
die in der vorhergehenden Phase definiert wurde, umgesetzt. Berechtigungspro-
file, die den Anwendern die Berechtigungen für die Nutzung einzelner Funktionen
zuweisen, werden über einen Profilgenerator im System eingestellt.
Die Systemfunktionalitäten werden zunächst prozeßbezogen mit den vom
Kunden angelegten Daten getestet und nach erfolgreicher Abnahme wird der
Integrationstest gestartet. Ein weiterer Integrationstest wird nach erfolgreicher
Datenübernahme mit den Produktivdaten durchgeführt.
Parallel zu den Integrationstests laufen prozeßbezogene Anwenderschulungen,
die möglichst nahe am Produktivstart liegen sollten.
Zur Erstellung der Anwenderdokumentation werden die Prozeßmodelle bis auf
Transaktionsebene weiter verfeinert. Durch die Darstellung von überwiegend

linearen Prozessen in Vorgangskettendiagrammen entstehen konkrete Handlungs-
anweisungen für die Sachbearbeiter, um ihre tägliche Arbeit abzuwickeln.

Kontinuierliche Verbesserung

An die eigentliche Systemeinführung schließt sich eine Optimierungsphase an, in
der Systeme und Abläufe einem erneuten Check unterzogen werden. In dieser
Phase werden die in den vorgelagerten Phasen erstellten Modelle weiter optimiert.
Sollten in vorherigen Phasen Kosten- und Zeitwerte bei den Prozeßmodellen hinterlegt worden sein, können nun auch quantitative Aussagen zu Prozeßverbesserungen gemacht werden.

B.I.4 Zusammenfassung

Die dargestellte Vorgehensweise läßt sich anhand folgender Merkmale zusam-
menfassen:

- **strategieorientiert** durch Aufnahme der von der Unternehmung angebotenen
  Dienstleistungen und Produkte im Produktmodell, der Marktanforderungen im
  Marktmodell und der prozeßbezogenen Visionen sowie deren Umsetzung in
  Wertschöpfungsketten. Die Wertschöpfungsketten sind die Basis für die prozeßorientierte Software-Einführung und stellen die Verbindung zur Unterneh-
  mensstrategie dar,
- **effizient** durch Nutzung von Branchenerfahrung, die in branchenspezifisch
  vorkonfigurierten R/3-Systemen hinterlegt ist. Gleichzeitig sind die branchen-
  spezifischen Prozesse im ARIS-Toolset dokumentiert,
- **methoden- und modellorientiert** durch Einsatz des ARIS-Toolset und der
  Bereitstellung geeigneter Methoden und Modelle,
- standardisiert, transparent und nachvollziehbar durch Einsatz des Vorgehensmodells Quickstep for R/3,
- **prozeßorientiert** durch prozeßorientierte Schulungen, prozeßorientierte Ar-
  beitskreise/Projektorganisation und eine von Wertschöpfungsketten bis zur
  Ebene der Transaktionscodes durchgängige Prozeßhierarchie,
- **branchenorientiert** durch Berücksichtigung der spezifischen Branchenerfahrung.

B.II Einführung von Workflow-Systemen mit ARIS Modellen

Dipl.-Inform. Andreas Kronz, IDS Prof. Scheer GmbH, Saarbrücken

B.II.1 Erfolgsfaktoren bei der Einführung von Workflow-Systemen

Den ARIS-Konzepten folgend, ist von der IDS Prof. Scheer GmbH ein Workflow-System entwickelt worden, das die ARIS-Modellierungsmethoden nutzt, der HOBE-Architektur folgt und das ARIS-Toolset integriert. Dieses System „ARIS-Workflow" dient vornehmlich zum Prototyping, um aus einem Geschäftsprozeßmodell schnell ein lauffähiges prozeßorientiertes Anwendungssystem zu erstellen. Daneben bestehen Schnittstellen zu produktiven Workflow-Systemen (z. B. WorkFlow (CSE), FlowMark (IBM), WorkParty (SNI), Staffware (Staffware), Visual WorkFlo (FileNET)), wobei eine ähnlich enge Einbettung in das ARIS-Konzept angestrebt wird wie bei dem ARIS-Workflow-Prototyper.

Für die erfolgreiche Einführung eines Workflow-Management-Systems (WMS) ist ein strukturiertes und methodisches Vorgehen von entscheidender Bedeutung, um die Komplexität und mögliche Fehlerquelle zu reduzieren und die Sicherheit bei der Zeit- und Kostenplanung zu erhöhen. Das ARIS-Vorgehensmodell zur Workflow-Einführung soll die effiziente Implementierung der Geschäftsprozesse innerhalb der Workflow-Anwendung im Unternehmen durch eine systematische Vorgehensweise und den konsequenten Einsatz der ARIS-Modelle ermöglichen. Die Modelle dienen hierbei sowohl zur Beschreibung der zu unterstützenden Prozesse, als auch zur Beschreibung des Vorgehensmodells von der Geschäftsprozeßoptimierung bis hin zur Darstellung von verdichteten Run-Time-Daten. Sie sind Voraussetzung für die Verwirklichung der kontinuierlichen Verbesserung der Prozesse zwischen den Ebenen I und II.

Die Stärke von WMS liegt derzeit noch bei gut strukturierten, arbeitsteiligen Prozessen. Die Implementierung schwach strukturierter Geschäftsprozesse stößt noch auf modellierungstechnische Grenzen. Hier gilt es, Methoden zu finden, die einerseits schwach strukturierte Prozesse beschreiben und andererseits das Konzept der kontinuierlichen Verbesserung unterstützen können.

B.II.2 ARIS-Vorgehensmodell zur Workflow-Einführung

Das Vorgehensmodell (vgl. Abb. 166) ist in acht Phasen eingeteilt, die den Prozeß der Einführung des WMS von der strategischen Planung bis zum Produktivbetrieb beschreiben. In mehreren Phasen können gewisse Aufgaben parallelisiert werden, um den Einführungsprozeß zu beschleunigen. Auch können Iterationen einzelner

Phasen nötig sein, die von qualitätssichernden Maßnahmen wie beispielsweise Testbetrieb oder Qualitäts-Abnahmen angestoßen werden.

Der Einführungsprozeß muß von umfangreichen Schulungsmaßnahmen flankiert werden. Dabei müssen in verschiedenen Phasen unterschiedliche Mitarbeitergruppen geschult werden, wobei sich das Schulungsspektrum von der reinen System- oder Administratorschulung für das WMS oder der evtl. neu einzuführenden Anwendungssoftware bis hin zur Schulung der betriebswirtschaftlichen Prozeßoptimierung erstreckt. Das Verständnis der Verantwortlichen und der einzelnen Mitarbeiter für den Aufbau und den Nutzen der Geschäftsprozesse ist von entscheidender Bedeutung für ein erfolgreiches Projekt. Hier besitzt eine durchgehende Methodik und Werkzeugunterstützung eine große Rolle, da sie sowohl im Rahmen der Schulungen als auch später im täglichen Gebrauch mit dem WMS zur Modellierung und zum Monitoring für laufende Prozesse genutzt werden können. Da als Beschreibungssprache für Geschäftsprozesse die EPK genutzt wird, ist der Ablauf eines Prozesses leicht vermittelbar, insbesondere, wenn im Rahmen der Modellierungskonventionen Einzelheiten über die Technik der Anwendungssystemanbindung in hinterlegten (Funktionszuordnung-) Diagrammen gekapselt wird.

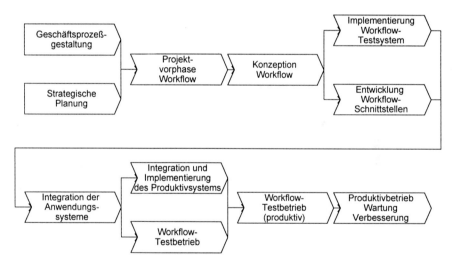

Abb. 166 Vorgehensmodell zur modellgestützten Workflow-Einführung

Ausgangspunkt ist eine betriebswirtschaftliche Geschäftsprozeßgestaltung und deren Einbettung in die strategische Unternehmensplanung.

In der Projektvorphase wird ein Workshop mit den späteren Anwendern durchgeführt, bei dem ein Workflow-System präsentiert und ein Geschäftsprozeß prototypisch implementiert wird. Ziel des Workshops ist es, ein erstes Verständnis für ein Workflow Management aufzubauen, die Machbarkeit zu klären und einen ersten groben Anforderungskatalog zu erstellen. Weiteres Ziel ist es, einen Projektvorschlag zu erstellen, der die Anforderungen definiert, einen groben Ablaufplan des Projektes skizziert und den Personalbedarf, den Schulungsaufwand und die Kosten abschätzt. Dabei sind generelle Fragestellungen wie die Anzahl der Systembenutzer, die technischen Gegebenheiten, die benötigten Hardware-Ressourcen u. ä. zu diskutieren. Im Rahmen der Machbarkeitsstudie ist u. U. auch ein Prototyp zur Realisierung der Integration eines bestimmten Anwendungssystems erforderlich.

Als Grundlage der Abschätzungen sollten die zu unterstützenden Prozesse als EPK, zumindest in einer ersten Version, vorliegen.

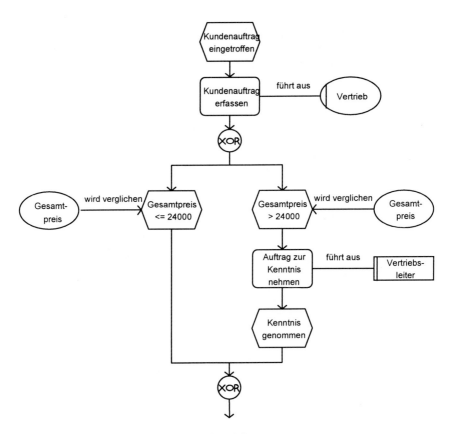

Abb. 167 Teil eines ablauffähigen Prozeßmodells

In der Konzeptionsphase werden die zu unterstützenden Prozesse zu ablauffähigen Prozeßmodellen ausgebaut und um die workflow-relevanten Daten erweitert (siehe Abb. 167). Benötigt wird die Beschreibung der Organisationsstruktur in Form von Organigrammen (vgl. Abb. 168), die Beschreibung der workflow-relevanten Daten z. B. in Form von Entity Relationship Modellen und die Prozeß-beschreibungen als EPK mit zugehörigen Funktionszuordnungsdiagrammen (vgl. Abb. 169). Ausgangspunkt sind Soll-Modelle aus der Geschäftsprozeßgestaltung.

Diese Modelle sind mittels des Modellierungstool auf Plausibilität und Konsistenz zu prüfen.

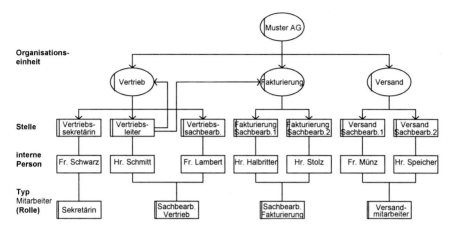

Abb. 168 Ausschnitt aus dem Organigramm

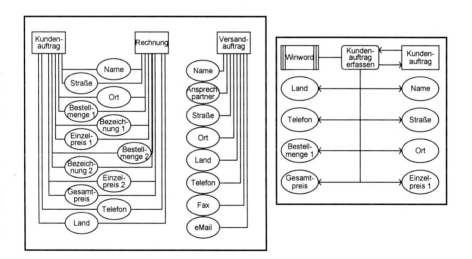

Abb. 169 Ausschnitt aus dem Datenmodell und Funktionszuordnungsdiagramm

Weitere Inhalte der Konzeptionsphase sind:

–   Erstellung eines Rollen- und Berechtigungskonzepts, soweit diese Rechte im Rahmen des WMS vergeben werden können. Diese Rechte werden dann in das Organigramm eingearbeitet.

- Definition der Anforderungen an die DV Infrastruktur und Einleitung der entsprechenden Beschaffungsmaßnahmen.
- Definition der Anforderungen und des Ein/Ausgabeverhaltens der zu integrierenden Anwendungssysteme.
- Definition und Schulung des Workflow-Test-Teams. Diese Gruppe besteht aus Mitarbeitern des Unternehmens und führt später den Workflow-Testbetrieb durch. Ebenso müssen die späteren Workflow-Administratoren geschult werden, um die Implementierung der Workflow-Testumgebung mitgestalten zu können.

Die Implementierung einer Testumgebung dient dazu, die in der Konzeptionsphase erarbeiteten Prozesse hinsichtlich ihres korrekten fachlichen Ablaufes sowie ihrer Datenflüsse und Organisationsstrukturen zu prüfen. Bei der Implementierung sollte der spätere Workflow-Systemadministrator hinzugezogen werden bzw. unter Anleitung die Implementierung durchführen.

Aufgrund der Anforderungen und Spezifikationen können die Schnittstellen zu den zu integrierenden Anwendungssystemen entwickelt werden.

Die Anwendungssysteme werden mit Hilfe der entwickelten Schnittstellen integriert. Dazu werden die Prozeßmodelle um die systemspezifischen Daten ergänzt und auf ihre Funktionstüchtigkeit getestet. Im Testbetrieb wird das WMS im Zusammenspiel mit den Applikationen vom Test-Team geprüft. Hierbei auftretende Mängel können sowohl die Modellierung als auch die Integration der Anwendungen betreffen und somit Iterationen bis in die Konzeptionsphase verursachen.

Die Implementierung des Produktivsystems umfaßt auch die Aufstellung des Ausfall- und Wartungskonzepts. Die Berechtigungs- und Benutzerprofile der Endbenutzer werden modelliert und die Schulung der Workflow-Benutzer geplant und durchgeführt. Am Ende der Phase sollte die Abnahme durch die Qualitätssicherung stehen.

Während des Testbetriebes wird mit realistischen Mengenvolumen der Echtbetrieb simuliert. Dabei wird das Workflow-System unter realitätsnaher Netz- und Server-Last betrieben, um die geforderte Ausfallsicherheit zu gewährleisten. Das Sicherungskonzept wird durch Backup- und Restore-Vorgänge auf seine Zuverlässigkeit getestet. In dieser Phase wird meist ein Parallelbereich des alten Systems und der neuen Workflow-Anwendung gefahren. Eventuell auftretende Mängel oder Beanstandungen können Iterationen im Vorgehensmodell verursachen.

Im Produktivbetrieb des WMS werden die Geschäftsprozesse gesteuert und überwacht. Die Abfrage und Darstellung laufender Prozesse wird als Monitoring bezeichnet *(vgl. Heß, Monitoring von Geschäftsprozessen 1996)*. Dabei ist eine einheitliche Darstellung des laufenden wie des modellierenden Geschäftsprozesses als EPK von entscheidender Bedeutung (s. oben Abb. 167). Die Protokollierung und Auswertung der anfallenden Run-Time-Daten dient als Basis zur weiteren Optimierung der Geschäftsprozesse. Es ist wichtig, die Flut der anfallenden Run-Time-Daten zu aggregieren und somit aussagekräftige Übersichtsdaten zu erhalten. Sinnvollerweise werden auch diese Daten in Form von Geschäftsprozeßmodellen bereitgestellt. Dieses sind EPK, in denen die Funktionen und Ereignisse die aggregierten Daten als Attribute wie z. B. mittlere Bearbeitungszeit oder Eintrittshäufigkeit bereithalten. Die Analysemöglichkeiten der Ebene II können auf diese verdichteten Modelle angewendet werden und Potentiale zur Verbesserung aufdecken. Dadurch entsteht der Kreislauf von der Modellierung über die Steuerung und Protokollierung zurück zur Modellierung, also das CPI.

Das Verständnis der Mitarbeiter für diesen Optimierungskreislauf ist von entscheidender Bedeutung für den erfolgreichen Einsatz eines WMS, da nur so die Flexibilität des WMS zur ständigen Anpassung und Verbesserung der Geschäftsprozesse genutzt werden kann.

B.III Modellgestützte Systementwicklung mit dem ARIS-Framework

Dipl.-Inform. Saeed Emrany, Dipl.-Inform. Richard Bock,
IDS Prof. Scheer GmbH, Saarbrücken

Mußte bisher bei der Geschäftsprozeßoptimierung große Rücksicht auf die Performanz und Architektur der den Geschäftsprozeß unterstützenden Anwendungssoftware genommen werden, bietet Software nach dem **ARIS-Framework** erheblich mehr Freiheitsgrade.

Das ARIS-Framework ist eng mit dem Software-System ARIS-Toolset und dem ARIS-Workflow verbunden und dient zum Rapid Prototyping betriebswirtschaftlicher Anwendungen. Es besteht aus einer modernen Client/Server-Architektur und ist in das HOBE-Konzept integriert. Die mit Hilfe der ARIS-Methode strukturierten Unternehmensmodelle dienen neben der Dokumentation der Geschäftsprozesse zum Entwurf und zur Erzeugung workflow-unterstützter Anwendungssoftware. Dadurch wird ein modellgestütztes Customizing der Anwendungen möglich, das dem Kunden auf lange Sicht die Anpassung seiner Software an veränderte Rahmenbedingungen ermöglicht.

B.III.1 Allgemeines Vorgehensmodell

Das ARIS-Framework kann sowohl für die Entwicklung als auch für die Einführung und das Customizing von mit dem Framework entwickelten Applikationen verwendet werden. Die generelle Vorgehensweise ist in Abb. 170 als EPK dargestellt.

Die Implementierung kundenspezifischer Anwendungen kann auf Basis einer Anpassung und Montage von prozeßorientierten Business Objects oder auf Basis einer Neuentwicklung erfolgen. Werden vorhandene Business Objects verwendet, so werden innerhalb des Customizing die sie beschreibenden Modelle zu kundenspezifischen Modellen modifiziert. Diese wiederum dienen als Input für die Generierung einer Kundenapplikation unter Verwendung des ARIS-Framework. Innerhalb des Customizing-Prozesses können sowohl die Business Objects als auch die jeweiligen Prozesse modifiziert werden. Die Prozesse beschreiben die Abläufe zur Verarbeitung der Business Objects. Sie können über ein in das Framework integriertes Workflow-System ausgeführt werden.

Soll ARIS-Framework für die Individualentwicklung dienen, wird zunächst das Unternehmens-Soll-Konzept mit dem ARIS-Toolset modelliert. Bevor das Modell vollständig in eine Applikation umgesetzt werden kann, müssen nicht existierende Objektmethoden innerhalb des ARIS-Framework implementiert werden.

Nachfolgend wird die Funktion „Soll-Konzept modellieren" aus dem Vorgehensmodell näher erläutert. Dabei werden auch die wesentlichen Aspekte der Applikationsgenerierung für die jeweiligen Modellinhalte aufgezeigt. Basis für die Funktionsbeschreibung ist wiederum ein Vorgehensmodell.

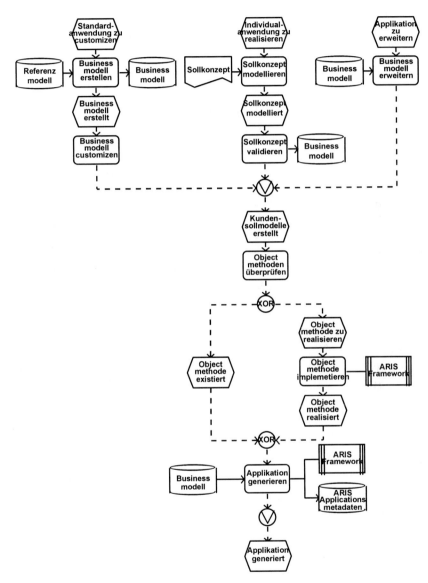

Abb. 170 Vorgehensmodell zur Entwicklung und Anpassung von Applikationen

B.III.2 Vorgehensmodell zur Soll-Konzept-Modellierung

Ein Modell für das ARIS-Framework kann in einer prozeßbasierten oder einer objektbasierten Vorgehensweise erstellt werden. Während bei der prozeßbasierten Vorgehensweise die Geschäftsprozesse die Grundlage für die Erstellung aller Modelle bilden, sind es bei der objektbasierten Vorgehensweise die Business Objects. Abb. 171 zeigt die einzelnen Schritte, die innerhalb der Soll-Konzept-Modellierung durchzuführen sind.

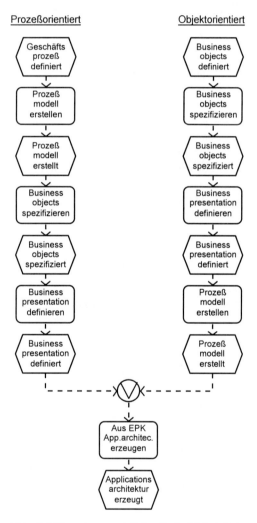

Abb. 171 Vorgehensmodell für die Soll-Modell-Erstellung

Prozeßmodelle erstellen

Neben den allgemeinen Zielsetzungen der Prozeßmodellierung wie Transparenz der Abläufe und Optimierung von Abläufen wird im Umfeld des ARIS-Framework insbesondere auch das Ziel der Spezifikation einer prozeßadäquaten Applikationsstruktur verfolgt. Dieses Ziel wird weiter unten detaillierter erläutert. Im Rahmen einer prozeßbasierten Vorgehensweise dienen die Prozeßmodelle auch der Spezifikation der in Verbindung mit den Applikationen benötigten Business Objects. Die Prozeßmodelle werden mit dem ARIS-Toolset in Form von EPK erstellt. Hierbei sind verschiedene Detaillierungsgrade möglich, die die Geschäftsabläufe bis auf die Ebene der Darstellung ausführbarer Funktionen spezifizieren.

Business Objects spezifizieren

Die Business Objects repräsentieren die für betriebswirtschaftliche Anwendungen notwendigen Datenelemente und die auf den Datenelementen ausführbaren Methoden. Bei den Datenelementen wird zwischen Datenobjekten, deren Attribute und Beziehungen sowie Regeln unterschieden. Die Datenobjekte und Beziehungen werden in Form von ERM und die Attribute in Attributzuordnungsdiagrammen innerhalb des ARIS-Toolset definiert. Die Struktur des ERM für ein Business Object kann variiert werden, so daß eine Anpassung an die in den Prozessen benötigten Business-Object-Strukturen möglich ist. Die Zuordnung von Methoden zu Business Objects erfolgt in Methodenzuordnungsdiagrammen. Abb. 172 zeigt ein Beispiel für den modelltechnischen Aufbau des Business Object „Auftrag".

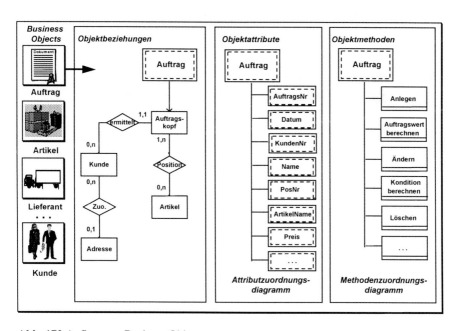

Abb. 172 Aufbau von Business Objects

Im Rahmen der Applikationsgenerierung werden die Business Objects zur Erzeugung eines physischen Datenbankschemas für ein relationales Datenbanksystem und für die Definition von Benutzersichten (Views) verwendet. Zusätzlich werden Meta-Informationen erzeugt, die eine Abbildung konkreter Business Objects auf generische Basisobjekte innerhalb des Framework erlauben.

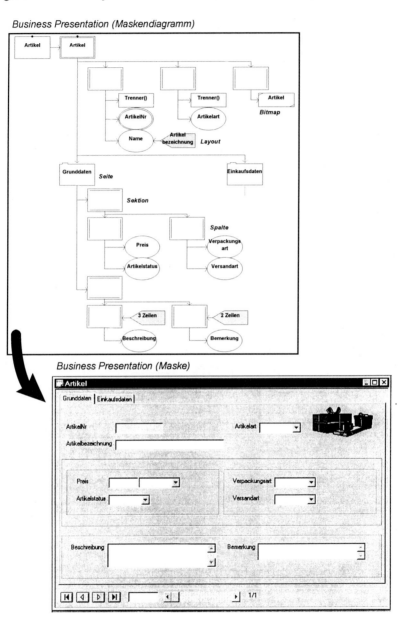

Abb. 173 Logisches Layout mit resultierender Bildschirmmaske

Business Presentation definieren

Im Rahmen der Festlegung der Presentation wird die Präsentationsform eines Business Object innerhalb einer Applikation definiert.

Ein Business Object kann unterschiedliche Darstellungen aufweisen. Die Beschreibung der einzelnen Darstellungsformen erfolgt in Maskendiagrammen. Ziel der Maskenmodellierung ist der logische und zu den Datenmodellen konsistente Aufbau eines Masken-Layout. Dieser logische Aufbau wird innerhalb der Applikationsgenerierung in windows-konforme Bildschirmmasken überführt. Ein Beispiel für ein logisches Layout und der daraus resultierenden Bildschirmmaske zeigt Abb. 173.

Aus EPK Applikationsarchitektur erzeugen

Die im ARIS-Toolset erstellten Prozeßmodelle dienen als Grundlage für die im ARIS-Framework zu generierende Applikationsstruktur. Dies bedeutet, daß die in den Prozeßmodellen geforderten Applikationskomponenten ermittelt und in einem Anwendungssystemtypdiagramm modelliert werden. Dazu werden die Objekttypen Anwendungssystemtyp, Modultyp sowie DV-Funktionstyp verwendet. Der Zusammenhang zwischen Prozeßkette und Anwendungssystemtypdiagramm ist in Abb. 174 dargestellt.

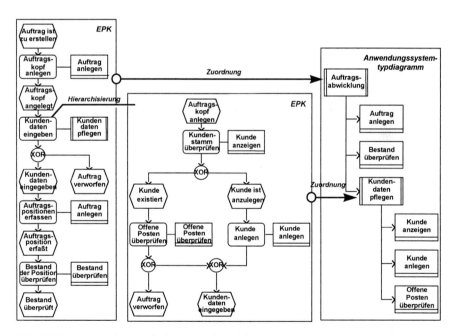

Abb. 174 Zusammenhang zwischen Prozeßmodell und Anwendungssystemtypdiagramm

Die Generierungsfunktionalität des ARIS-Framework erzeugt aus dem Anwendungssystemtypdiagramm einen sogenannten Workspace für ein Anwendungssystem. Dieser Workspace kann zur funktionsorientierten, objektorientierten oder prozeßorientierten Applikationsbearbeitung genutzt werden. Zur Verdeutlichung der Umsetzung eines Anwendungssystemtypdiagramms in einen Workspace dient Abb. 175.

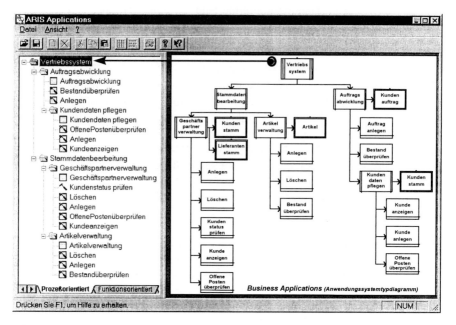

Abb. 175 Umsetzung eines Anwendungssystemtypdiagramms in einen Workspace

Zusätzlich wird bei der Generierung die Workflow-Schnittstelle in Abhängigkeit der Applikationsstruktur initialisiert. Damit steht ein lauffähiges Anwendungsprogramm zur Verfügung.

B.IV   Objektorientierte Systementwicklung mit der Unified Modeling Language (UML)

Dr. Markus Nüttgens, Dipl.-Hdl. Michael Hoffmann, Dipl.-Inform. Thomas Feld, Institut für Wirtschaftsinformatik (IWi), Universität des Saarlandes

Im Zusammenhang mit einer objektorientierten Systementwicklung werden in der Literatur primär evolutionäre Vorgehensmodelle diskutiert *(vgl. Boehm, Spiral Model 1988; Henderson-Sellers/Edwards, Object-Oriented System Life Cycle 1990, S. 152; Meyer, Object-Oriented Design 1989).* Dies ist u. a. in den Grundlagen des objektorientierten Paradigmas begründet, wonach Objekte in sich abgeschlossene und eigenständig existente Subsysteme darstellen. Aufgrund der Definition einer internen und externen Objektstruktur können Systeme mit einer skalierbaren Größe entwickelt werden. Bei der evolutionären Vorgehensweise endet jeder Zyklus mit einem ablauffähigen Software-System. Dies wird erreicht, indem aus Projektzielen Entwicklungsergebnisse abgeleitet werden, deren Einsatz, zumindest DV-technisch, auch isoliert möglich ist. Die einzelnen Teilsysteme können dadurch früher auf ihre Einsetzbarkeit hin getestet werden. Die Weiterentwicklung beinhaltet einerseits Verbesserungen, die sich durch den Praxistest ergeben, und andererseits die Realisierung weiterer Teilsysteme. So ist es möglich, bei großen Projekten durch Prototypenentwicklungen schon relativ früh Ergebnisse zu präsentieren und Fehlentwicklungen zu vermeiden.

B.IV.1   Entwicklung und Beschreibung eines Vorgehensmodells

Nachfolgend wird am Beispiel der Unified Modeling Language (UML) *(vgl. UML Notation Guide 1997)* ein Vorgehensmodell zur objektorientierten Systementwicklung aufgezeigt. Im Umfang der UML ist bisher kein Vorgehensmodell explizit definiert. In Abb. 176 ist daher ein grobes Vorgehensmodell dokumentiert, das ein mögliches Vorgehen im Rahmen der objektorientierten Systementwicklung beschreibt.

Grundlage für die objektorientierte Systementwicklung ist in der Regel ein optimiertes Geschäftsprozeßmodell *(vgl., Oestereich, Objektorientierte Softwareentwicklung 1997, S. 85; Yourdon u. a., Mainstream Objects 1996, S. 71 ff.).*

Die Teilprozesse der objektorientierten Systementwicklung (Analyse, Design und Montage) beschreiben einen Zyklus mit Rückkopplungen zwischen den einzelnen Elementen des Vorgehensmodells. Ist ein objektorientiertes Entwicklungsprojekt freigegeben, erfolgt zunächst eine objektorientierte Analyse. Daran schließt sich das objektorientierte Design an. Treten beim objektorientierten Design Widersprüche oder Probleme auf, die nicht in dieser Phase gelöst werden können, wird zur objektorientierten Analyse rückdelegiert.

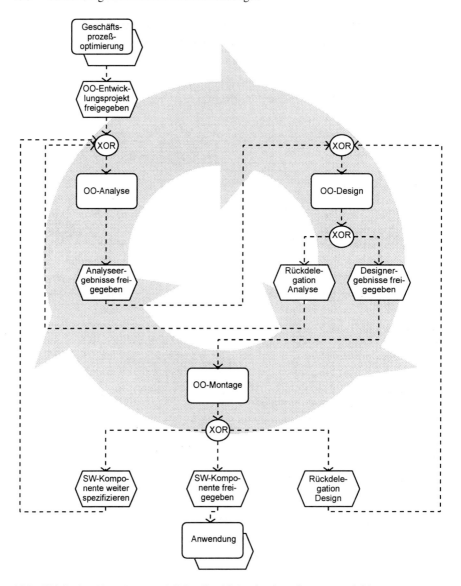

Abb. 176 Grobes Vorgehensmodell für die objektorientierte Systementwicklung

Sind die Design-Ergebnisse freigegeben, bilden diese den Input für die objektorientierte Montage. Die Design-Modelle werden mit Hilfe von Code-Generatoren weitgehend automatisch implementiert. Treten bei der Code-Generierung Fehler auf, die ihren Ursprung im Design haben, erfolgt eine Rückdelegation. Wird die entwickelte Software-Komponente für den Einsatz freigegeben, beginnt der operative Einsatz. Hier wird der Übergang von der Build Time zur Run Time vollzogen. Ist eine Überarbeitung der Software-Komponente erforderlich, wird mit dem

Eintritt in die objektorientierte Analyse der Zyklus erneut durchlaufen. Im folgenden werden die Teilprozesse des Vorgehensmodells auf einer detaillierteren Ab-
straktionsstufe beschrieben.

B.IV.2 Phasen des Vorgehensmodells

Objektorientierte Analyse

Abb. 177 beschreibt den objektorientierten Analyseprozeß auf der Grundlage
eines Bausteins für phasenbezogene Vorgehensmodelle *(vgl. Nüttgens, Koordi-
niert–dezentrales Informationsmanagement 1995, S. 223).*

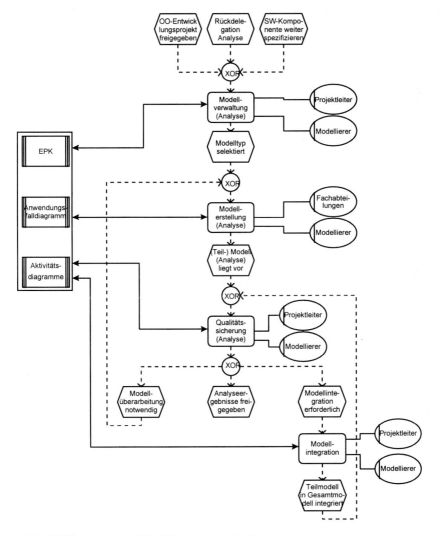

Abb. 177 Vorgehensmodell objektorientierte Analyse

Im ersten Schritt der Modellverwaltung werden die Modelltypen zur Systemanalyse von dem Projektleiter in Absprache mit den Modellierern ausgewählt. Relevante UML-Modelltypen sind Anwendungsfalldiagramme (Use Case Diagram) und Aktivitätsdiagramme (Activity Diagram). Diese können auf der Grundlage bereits erhobener Geschäftsprozeßmodelle, beispielsweise EPK, erstellt werden.

Anwendungsfalldiagramme werden im Rahmen von UML schwerpunktmäßig zur ersten Erhebung von Organisationsszenarien eingesetzt. Diese können aus einzelnen Funktionsbausteinen eines EPK-Modells abgeleitet und dann in der entsprechenden UML-Notation detailliert beschrieben werden. Hierbei kann die Unterstützung von Funktionen durch eine Anwendungskomponente einen ersten Anhaltspunkt zur Strukturierung der Anwendungsfälle geben.

Aktivitätsdiagramme können aus den Kontrollflußinformationen eines EPK-Modells abgeleitet und um die Beschreibung konkreter Objektzustände ergänzt werden.

Aktivitätsdiagramme bilden auch die Grundlage zur Ableitung objektorientierter Workflow-Management-Modelle.

Nach erfolgter Qualitätssicherung müssen die (Teil-)Modelle in ein Gesamtmodell integriert und fehlerhafte Modelle überarbeitet werden. Vollständige und fehlerfreie UML-Modelle dienen dann als Grundlage für das objektorientierte Design.

Objektorientiertes Design

In Abb. 178 ist das Vorgehensmodell zum objektorientierten Design in Analogie zum Vorgehensmodell zur objektorientierten Analyse dargestellt. Als UML-Modelltypen werden hierbei Zustandsdiagramme (State Diagram), Sequenzdiagramme (Sequence Diagram), Klassendiagramme (Class Diagram), Kollaborationsdiagramme (Collaboration Diagram) oder detaillierte Aktivitätsdiagramme (Activity Diagram) eingesetzt. Besondere Bedeutung kommt hierbei dem Entwurf der Klassendiagramme zu. Erste Anhaltspunkte zum Entwurf der Klassendiagramme können analog zur objektorientierten Analyse auf der Grundlage von Geschäftsprozeßmodellen erfolgen. So lassen sich beispielsweise Funktionsbausteine und Input/Output-Daten der EPK-Modelle objektbezogen detaillieren und den relevanten Geschäftsobjektklassen zuordnen.

Sollte bereits ein strukturiertes Datenmodell beispielsweise in der Form eines ERM vorliegen, können auch hieraus bereits die wesentlichen Klassen und ihre Strukturbeziehungen abgeleitet werden.

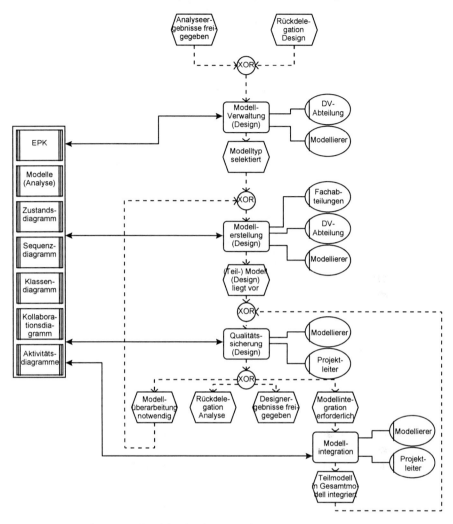

Abb. 178 Vorgehensmodell objektorientiertes Design

Objektorientierte Montage

Abb. 179 beschreibt das Vorgehensmodell zur objektorientierten Montage. Bei der Implementierung der objektorientierten Designmodelle wird eine weitgehende Automatisierung durch den Einsatz objektorientierter Code-Generatoren ange-strebt. Teilweise muß auch zusätzlicher Programmcode, zum Beispiel zur Imple-mentierung von Methoden, erzeugt werden. Hierbei kann, wenn vorhanden, auf bestehende Klassenbibliotheken zurückgegriffen werden. Der weitere Prozeß verläuft analog zum Vorgehensmodell des objektorientierten Design bzw. der objektorientierten Analyse. Nach erfolgreicher Integration von (Teil-) Kompo-nenten kann, soweit es sich um Prototypen handelt, die noch nicht zur Anwendung freigegeben werden, ein weiterer Zyklus des Vorgehensmodells durchlaufen werden.

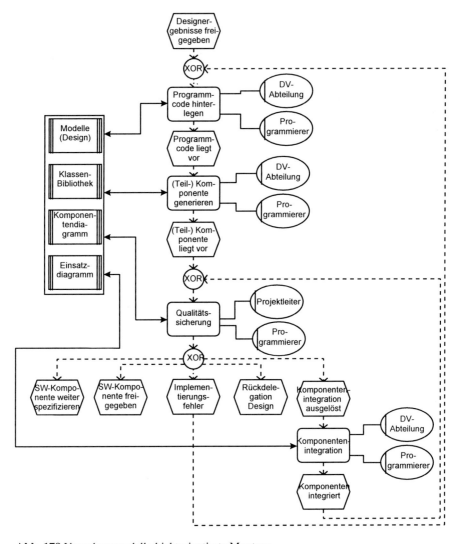

Abb. 179 Vorgehensmodell objektorientierte Montage

B.IV.3 Ausblick

Sowohl die strukturierte als auch die objektorientierte Systementwicklung basiert auf dem Verständnis, in einem ersten Schritt innerhalb des Diskursbereiches Geschäftsprozese auf der Grundlage betriebswirtschaftlich-organisatorischer Zielvorgaben zu optimieren. Derart optimierte Geschäftsprozesse bilden in der Form ablauforganisatorischer Szenarien den fachlichen Ausgangspunkt zur Systementwicklung. Hierzu hat sich mit der EPK-Methode eine sowohl in der Theorie als auch in der Praxis akzeptierte Methode für betriebswirtschaftliche Fachinhalte etabliert. Zwar bestehen Ansätze für methodische Erweiterungen, ablauforganisatorisch und funktional strukturierte EPK-Modelle in objektorientierte Analyse- und Designmodelle zu überführen, die aber noch nicht abgeschlossen sind *(vgl. dazu die Ansätze von Hoffmann/Scheer/Hoffmann, Modellierungsmethoden 1995; Bungert/Heß, Objektorientierte Geschäftsprozeßmodellierung 1995; Scheer/Nüttgens/Zimmermann, oEPK 1997).*

Vorgehensmodelle können einen wesentlichen Beitrag zur Entwicklung integrativer Ansätze leisten, indem der Verwendungszweck und der Nutzen der Modelle im Kontext eines durchgängigen Systementwicklungsprozesses offengelegt und dokumentiert werden.

Literaturverzeichnis

Baan, Dynamic Enterprise Modeling 1996
Baan Business B.V. (Hrsg.): Dynamic Enterprise Modeling, A Paradigm Shift in
    Software Implementation, Deventer 1996.

Bach/Brecht/Hess/Österle, Enabling Systematic Business Change 1996
Bach, V., Brecht, L., Hess, T., Österle, H.: Enabling Systematic Business Change,
    Wiesbaden 1996.

Balzert, Entwicklung von Software-Systemen 1982
Balzert, H.: Die Entwicklung von Software-Systemen - Prinzipien, Methoden,
    Sprachen, Werkzeuge, Mannheim u. a. 1982.

Balzert, Lehrbuch der Software-Technik 1996
Balzert, H.: Lehrbuch der Software-Technik, Software-Entwicklung,
    Heidelberg u. a. 1996.

Barker, Case* Method 1990
Barker, R.: Case* Method, Tasks and Deliverables, Wokingham u. a. 1990.

Blaser/Jarke/Lehmann, Datenbanksprachen und Datenbankbenutzung 1987
Blaser, A., Jarke, M., Lehmann, H.: Datenbanksprachen und
    Datenbankbenutzung, in: Lockemann, P.C., Schmidt, J.W. (Hrsg.):
    Datenbank-Handbuch, Berlin u. a. 1987.

Boehm, Spiral Model 1988
Boehm, B.W.: A Spiral Model of Software Development and Enhancement, in:
    IEEE Computer 21(1988)5, S. 14-24.

Booch, Object-oriented Design 1991
Booch, G.: Object-oriented Design with Applications, Redwood City 1991.

Bröhl/Dröschel, V-Modell 1995
Bröhl, A.-P., Dröschel, W. (Hrsg.): Das V-Modell: Der Standard für die
    Softwareentwicklung mit Praxisleitfaden, 2. Aufl., München-Wien 1995.

Buck-Emden/Galimow, Client-Server-Technologie 1996
Buck-Emden, R., Galimow, J.: Die Client-Server-Technologie des SAP R/3-
    Systems, 3. Aufl., Bonn u. a. 1996.

Bullinger, Prozeßorientierte Strukturen 1994
Bullinger, H.-J.: Prozeßorientierte Strukturen und Workflow-Management bei
    Dienstleistern, in: Bullinger H.-J. (Hrsg.): Workflow-Management bei
    Dienstleistern, Stuttgart 1994, S. 11-46.

Bungert/Heß, Objektorientierte Geschäftsprozeßmodellierung 1995
Bungert, W., Heß, H.: Objektorientierte Geschäftsprozeßmodellierung, in:
    Information Management 10(1995)1, S. 52-63.

Chen, Entity-Relationship Model 1976
Chen, P.P.: The Entity-Relationship Model: Towards a Unified View of Data, in:
    ACM (Hrsg.): Transactions on Database Systems, Nr. 1, 1976, S. 9-36.

Chen/Doumeingts, GRAI-CIM 1996
Chen, D., Doumeingts, G.: The GRAI-CIM reference model, architecture and
    methodology, in: Bernus, P., Nemes, L., Williams, T.J. (Hrsg.):
    Architectures for Enterprise Integration, London u. a. 1996, S. 102-126.

Coad/Yourdon, Object-Oriented Analysis 1991
Coad, P., Yourdon, E.: Object-Oriented Analysis, 2. Aufl., Englewood
    Cliffs 1991.

Coad/Yourdon, Object-Oriented Design 1991
Coad, P., Yourdon, E.: Object-Oriented Design, Englewood Cliffs 1991.

Codd, OLAP 1994
Codd, E.F.: OLAP – On-Line Analytical Processing mit TM/1, in: M.I.S. GmbH
    (Hrsg.), Darmstadt 1994.

Date, Database Systems 1995
Date, C.J.: An Introduction to Database Systems, 6. Aufl., Reading 1995.

Date, Distributed Databasesystems 1986
Date, C.J.: Twelve Rules for Distributed Databasesystems, in: Computerworld,
    Juni 1987.

Davis/Olson, Management Information Systems 1984
Davis, G.B., Olson, M.H.: Management Information Systems: Conceptual
    Foundations, Structure and Development, 2. Aufl., New York 1984.

Dittrich, Nachrelationale Datenbanktechnologie 1990
Dittrich , K.R.: Objektorientiert, aktiv, erweiterbar: Stand und Tendenzen der
    „nachrelationalen" Datenbanktechnologie, in: Informationstechnik: it,
    Computer, Systeme, Anwendungen, Band 32(1990)5, S. 343-354.

Dittrich/Gatziu, Aktive Datenbanksysteme 1996
Dittrich, K.R., Gatziu, S.: Aktive Datenbanksysteme: Konzepte und
    Mechanismen, Bonn u. a. 1996.

Elbling/Kreuzer, Strategische Instrumente 1994
Elbling, O., Kreuzer, C.: Handbuch der strategischen Instrumente - Übersicht aller
    Instrumente, Bewertungs- und Einsatzmodelle, Formularanhang für den
    direkten Praxiseinsatz, Wien 1994.

Elmaghraby, Activity networks 1977
Elmaghraby, S.E.: Activity networks, project planning and control by network
    models, New York u. a. 1977.

Esswein, Rollenmodell der Organisation 1992
Esswein, W.: Das Rollenmodell der Organisation: Die Berücksichtigung
    aufbauorganisatorischer Regelungen in Unternehmensmodellen, in:
    Augsburger, W., Sinz, E.J. (Hrsg.): Bamberger Beiträge zur
    Wirtschaftsinformatik, Nr. 18, Bamberg 1992.

Ferstl/Sinz, Wirtschaftsinformatik 1994
Ferstl, O., Sinz, E.J.: Grundlagen der Wirtschaftsinformatik, 2. Aufl.,
    München 1994.

Fingar/Read/Stickeleather, Next Generation Computing 1996
Fingar, P., Read, D., Stickeleather, J.: Next Generation Computing. Distributed
    Objects for Business, New York 1996.

Frese, Grundlagen der Organisation 1995
Frese, E.: Grundlagen der Organisation, Konzept - Prinzipien - Strukturen,
    6. Aufl., Wiesbaden 1995.

Galler, Vom Geschäftsprozeßmodell zum Workflow-Modell 1997
Galler, J.: Vom Geschäftsprozeßmodell zum Workflow-Modell, Wiesbaden 1997.

Gutenberg, Die Produktion 1983
Gutenberg, E.: Die Produktion, Grundlagen der Betriebswirtschaftslehre,
    Bd. 1: Die Produktion, 24. Aufl., Berlin u. a. 1983.

Gutzwiller/Österle, Referenz-Meta-Modell Analyse 1990
Gutzwiller, T., Österle, H.: CC RIM, Referenz-Meta-Modell Analyse,
    Forschungsbericht Nr. IM 2000/CCRIM/2, Version 2.0, Institut für
    Wirtschaftsinformatik, Hochschule St. Gallen, 15.01.1990.

Grabowski u. a., Integriertes Produktmodell 1993
Grabowski, H., Anderl, R., Polly, A., Warnecke, H.-J.: Integriertes
    Produktmodell, Entwicklungen zur Normung von CIM, Berlin u. a. 1993.

Härder, Relationale Datenbanksysteme 1989
Härder, T.: Grenzen und Erweiterungsmöglichkeiten relationaler
    Datenbanksysteme für Nicht-Standard-Anwendungen, in: Scheer, A.-W.
    (Hrsg.): Praxis relationaler Datenbanken, Proceedings zur Fachtagung,
    Saarbrücken 1989, S. 1-25.

Hagemeyer/Rolles/Schmidt/Scheer, Arbeitsverteilungsverfahren 1998
Hagemeyer, J., Rolles, R., Schmidt, Y., Scheer, A.-W.:
    Arbeitsverteilungsverfahren in Workflow-Management-Systemen:
    Anforderungen, Stand und Perspektiven, in: Veröffentlichungen des
    Instituts für Wirtschaftsinformatik, Saarbrücken 1998, Nr. 144.

Harel, Statecharts 1987
Harel, D.: Statecharts, A Visual Formalism for Complex Systems, in: Science of
    Computer Programming 8(1987), S. 231-274.

Harel, On Visual Formalism 1988
Harel, D.: On Visual Formalism, in: CACM, May 1988, S. 514-530.

Hars, Referenzdatenmodelle 1994
Hars, A.: Referenzdatenmodelle - Grundlagen effizienter Datenmodellierung,
    Wiesbaden 1994.

Harrington, Business Process Improvement 1991
Harrington, H. J.: Business Process Improvement, New York u. a. 1991.

Henderson-Sellers/Edwards, Object-Oriented System Life Cycle 1990
Henderson-Sellers, B., Edwards, J.M.: The Object-Oriented System Life Cycle,
    in: Communications of the ACM, 33(1990)9, S. 142-159.

Herbst/Knolmayer, Geschäftsregeln 1994
Herbst, H., Knolmayer, G.: Ansätze zur Klassifikation von Geschäftsregeln, in:
    Wirtschaftsinformatik 37(1995)2, S. 149-159.

Heß, Monitoring von Geschäftsprozessen 1996
Heß, H.: Monitoring von Geschäftsprozessen, in: ZWF Zeitschrift für
    wirtschaftlichen Fabrikbetrieb, 91(1996)3, S. 76-79.

Hildebrand, Software Tools 1990
Hildebrand, K.: Software Tools: Automatisierung im Software-Engineering - Eine
    umfassende Darstellung der Einsatzmöglichkeiten von Software-
    Entwicklungswerkzeugen, Berlin u. a. 1990.

Hoffmann/Scheer/Hoffmann, Modellierungsmethoden 1995
Hoffmann, W., Scheer, A.-W., Hoffmann, M.: Überführung strukturierter
    Modellierungsmethoden in die Object Modeling Technique (OMT), in:
    Veröffentlichungen des Instituts für Wirtschaftsinformatik, Nr. 114,
    Saarbrücken 1995.

Hollingsworth, Workflow Reference Model 1995
Hollingsworth, D.: The Workflow Reference Model, in: Workflow Management
    Coalition (Hrsg.): Document TC00-1003, Draft 1.1, 1995.

Hutchinson/Mariani, Local Area Networks 1985
Hutchinson, D., Mariani, J.A. (Hrsg.): Local Area Networks: An Advanced
    Course, Lecture Notes in Computer Science 184, Berlin u. a. 1985.

IDS, ARIS-Applications 1997
IDS Prof. Scheer GmbH (Hrsg.): Produktinformation ARIS-Applications,
    Saarbrücken 1997.

IDS, ARIS-Easy Design 1997
IDS Prof. Scheer GmbH (Hrsg.): Produktinformation ARIS-Easy Design,
    Saarbrücken 1997.

IDS, ARIS-Framework 1997
IDS Prof. Scheer GmbH (Hrsg.): White Paper ARIS-Framework,
    Saarbrücken 1997.

210   Literaturverzeichnis

Martin, Application Development 1982
Martin, J.: Application Development Without Programmers, Englewood
  Cliffs 1982.

Martin, Information Engineering I 1989
Martin, J.: Information Engineering, Book I: Introduction, Englewood
  Cliffs 1989.

Martin, Information Engineering II 1990
Martin, J.: Information Engineering, Book II: Planning and Analysis, Englewood
  Cliffs 1990.

Mc Farlan/Mc Kenney/Pyburn, Information archipelago 1983
Mc Farlan, F.W., Mc Kenney, J.L., Pyburn, P.: Information archipelago: Plotting
  a course, in: Harvard Business Review, January-February 1983,
  S. 145-155.

Mertens, Wirtschaftsinformatik 1995
Mertens, P.: Wirtschaftsinformatik - Von den Moden zum Trend, in: König, W.
  (Hrsg.): Wirtschaftsinformatik '95 - Wettbewerbsfähigkeit, Innovationen,
  Wirtschaftlichkeit, Heidelberg 1995, S. 25-64.

Meyer, Object-oriented Software Construction 1988
Meyer, B.: Object-oriented Software Construction, New York 1988.

Meyer, Object-Oriented Design 1989
Meyer, B.: From Structured Programming to Object oriented Design: The Road to
  Eiffel, in: Structured Programming, 10(1989)1, S. 19-39.

Nerreter, Zur funktionalen Architektur von verteilten Datenbanken 1983
Nerreter, U.: Zur funktionalen Architektur von verteilten Datenbanken -
  Konzepte, Methoden und Beispiele, Dissertation ETH Zürich 1983.

Nüttgens, Koordiniert-dezentrales Informationsmanagement 1995
Nüttgens, M.: Koordiniert-dezentrales Informationsmanagement,
  Wiesbaden 1995.

Nüttgens/Feld/Zimmermann, Business Process Modeling
Nüttgens, M., Feld, T., Zimmermann, V.: Business Process Modeling with EPC
  and UML - Transformation or Integration?, in: Schader, M., Korthaus, A.
  (Hrsg.): The Unified Modeling Language - Technical Aspects and
  Applications, Heidelberg 1998, S. 250-261.

Oberweis, Modellierung von Workflows 1996
Oberweis, A.: Modellierung und Ausführung von Workflows mit Petri-Netzen,
  Stuttgart u. a. 1996.

Oestereich, Objektorientierte Softwareentwicklung 1997
Oestereich, B.: Objektorientierte Softwareentwicklung, 3. Aufl.,
  München u. a. 1997.

Olle u. a., Information Systems Methodologies 1991
Olle, T.W. u. a.: Information Systems Methodologies: A Framework for
    Understanding, 2. Aufl., Wokingham u. a. 1991.

Olle u. a., Information Systems Life Cycle 1988
Olle, T.W., Verrijn-Stuart, A.A., Bhabuta, L. (Hrsg.): Computerized Assistance
    During The Information Systems Life Cycle, Proceedings of the IFIP
    WG 8.1 Working Conference on Computerized Assistance during the
    Information Systems Life Cycle, CRIS 88, Amsterdam u. a.1988.

OMG, Common Business Objects 1996
Object Management Group (Hrsg.): Common Business Objects and Business
    Object Facility, OMG TC Document CF/96-01-04,
    URL: http://dataaccess.com/bodtf/Download/CFRFP4.doc.

Österle, Business Engineering 1 1995
Österle, H.: Business Engineering. Prozeß- und Systementwicklung. Band 1:
    Entwurfstechniken, Berlin u. a. 1995.

Österle/Vogler, Praxis des Workflow-Managements 1996
Österle, H., Vogler, P.: Praxis des Workflow-Managements: Grundlagen
    Vorgehen, Beispiele, Wiesbaden 1996.

Osterloh/Frost, Prozeßmanagement 1996
Osterloh, M., Frost, J.: Prozeßmanagement als Kernkompetenz, Wie Sie Business
    Reengineering strategisch nutzen können, Wiesbaden 1996.

Pagé, Objektorientierte Software
Pagé, P.: Objektorientierte Software in der kommerziellen Anwendung,
    Berlin u. a. 1996.

Page-Jones, Practical Guide to Structured System Design 1980
Page-Jones, M.: The Practical Guide to Structured System Design,
    New York 1980.

Plattner, Products & Organization 1997
Plattner, H.: Components: Products & Organizations. An Integrated and
    Innovative Approach to Technology and Organization for Business
    Solutions for Your Next Millenium, Vortrag Sapphire, Orlando August
    1997, URL: http://www.sap.com/events/amsterdam/index.htm.

Porter, Wettbewerbsvorteile 1992
Porter, M.E.: Wettbewerbsvorteile, 3. Aufl., Frankfurt am Main 1992.

Porter/Millar, How Information gives you Competitive Advantage 1985
Porter, M.E., Millar, V.E.: How Information gives you Competitive Advantage,
    in: Harvard Business Review, July-August 1985, S. 149-160.

Pree, Komponentenbasierte Softwareentwicklung 1997
Pree, W.: Komponentenbasierte Softwareentwicklung mit Frameworks,
    Heidelberg 1997.

Reiter/Wilhelm/Geib, Multiperspektivischen Informationsmodellierung 1997
Reiter, C., Wilhelm, G., Geib, T.: Toolunterstützung bei der multiperspektivischen
    Informationsmodellierung, in: Management & Computer 5(1997)1,
    S. 5-10.

Reuter, Sicherheits- und Integritätsbedingungen 1987
Reuter, A.: Maßnahmen zur Wahrung von Sicherheits- und
    Integritätsbedingungen, in: Lockemann, P.C., Schmidt, J.W. (Hrsg.):
    Datenbank-Handbuch, Berlin u. a. 1987.

Rockart, Critical Success Factors 1982
Rockart, J.F.: Current Uses of the Critical Success Factors Process, in:
    Proceedings of the 14th Annual Conference of the Society for
    Information Management, o. O. 1982.

Rumbaugh u. a., Object-Oriented Modeling and Design 1991
Rumbaugh, J. u. a.: Object-Oriented Modeling and Design, Englewood
    Cliffs 1991.

Rupietta, Organisationsmodellierung 1992
Rupietta, W.: Organisationsmodellierung zur Unterstützung kooperativer
    Vorgangsbearbeitung, in: Wirtschaftsinformatik, 34(1992)1, S. 26-37.

SAP, White Paper Business Framework 1996
SAG AG (Hrsg.): White Paper Business Framework, Walldorf 1996,
    URL: http://www.sap-ag.de/bfw/media/pdf/50016528.pdf.

SAP, White Paper Business Objects 1997
SAP AG (Hrsg.): White Paper Business Objects, Walldorf 1997,
    URL: http://www.sap-ag.de/bfw/media/pdf/50016527.pdf.

Scheer, A.-W.: ARIS - House of Business Engineering 1996
Scheer, A.-W.: ARIS - House of Business Engineering, in: IDS Prof. Scheer
    GmbH (Hrsg.): Scheer magazin spezial, Oktober 1996.

Scheer, ARIS - Vom Geschäftsprozeß zum Anwendungssystem 1998
Scheer, A.-W.: ARIS - Vom Geschäftsprozeß zum Anwendungssystem,
    Berlin u. a. 1998.

Scheer, CIM 1990
Scheer, A.-W.: CIM (Computer Integrated Manufacturing) - Der
    computergesteuerte Industriebetrieb, 4. Aufl., Berlin u. a. 1990.

Scheer, Data Warehouse 1996
Scheer, A.-W.: Data Warehouse und Data Mining: Konzepte der
    Entscheidungsunterstützung, in: IM Information Management 11(1996)1,
    S. 74-75.

Scheer, EDV-orientierte Betriebswirtschaftslehre 1984 bzw. 1990
Scheer, A.-W.: EDV-orientierte Betriebswirtschaftslehre - Grundlagen für ein
    effizientes Informationsmanagement, 1. Aufl., Berlin u. a. 1984 und
    4. Aufl., Berlin u. a. 1990.

Scheer, Projektsteuerung 1978
Scheer, A.-W.: Projektsteuerung, Wiesbaden 1978.

Scheer, Wirtschaftsinformatik 1997
Scheer, A.-W.: Wirtschaftsinformatik - Referenzmodelle für industrielle
    Geschäftsprozesse, 7. Aufl., Berlin u. a. 1997.

Scheer/Nüttgens/Zimmermann, oEPK 1997
Scheer, A.-W., Nüttgens, M., Zimmermann, V.: Objektorientierte
    Ereignisgesteuerte Prozeßkette (oEPK) - Methode und Anwendung, in:
    Veröffentlichungen des Instituts für Wirtschaftsinformatik, Nr. 141,
    Saarbrücken 1997.

Schlageter/Stucky, Datenbanksysteme 1983
Schlageter, G., Stucky, W.: Datenbanksysteme: Konzepte und Modelle, 2. Aufl.,
    Stuttgart 1983.

Schröder, Business Engineer 1997
Schröder, G.: Configure to Order using the R/3 Business Engineer, Vortrag
    Sapphire, Amsterdam, Juni 1997,
    URL: http://www.sap.com/events/amsterdam/sessions/index1.htm.

Shlaer/Mellor, Object Oriented Systems Analysis 1988
Shlaer, S., Mellor, S.J.: Object Oriented Systems Analysis, Englewood
    Cliffs 1988.

Siemens Nixdorf, ComUnity 1997
Siemens Nixdorf Informationssysteme AG (Hrsg.): ComUnity Visual
    Framework- Overview and Architecture 1997,
    URL: http://comunity.sni.de/public/cvf/crf_en/info.htm

Sikora/Steinparz, Computer & Kommunikation 1988
Sikora, H., Steinparz, F.X.: Computer & Kommunikation, Telekommunikation -
    Computervernetzung - Kommunikationsarchitektur - PC/Host-
    Kommunikation. Übersicht, Zusammenhänge und Fallstudien,
    München 1988.

Sinz, Datenmodellierung im SERM 1993
Sinz, E.J.: Datenmodellierung im Strukturierten Entity-Relationship-Modell
    (SERM), in: Müller-Ettrich, G. (Hrsg.): Fachliche Modellierung von
    Informationssystemen - Methoden, Vorgehen, Werkzeuge, Bonn-Paris
    1993, S. 63-126.

Sinz, Modellierung betrieblicher Informationssysteme 1996
Sinz, E.J.: Ansätze zur fachlichen Modellierung betrieblicher Informationssysteme - Entwicklung, aktueller Stand und Trends, in: Heilmann, H., Heinrich, L.J., Roithmayr, F. (Hrsg.): Information Engineering, München u. a. 1996, S. 123-143.

Sloman/Kramer, Verteilte Systeme und Rechnernetze 1988
Sloman, M., Kramer, J.: Verteilte Systeme und Rechnernetze, München-Englewood Cliffs 1988.

Sommerville, Software Engineering 1987
Sommerville, I.: Software Engineering, Bonn u. a. 1987.

Stetter, Softwaretechnologie 1987
Stetter, F.: Softwaretechnologie: Eine Einführung, 4. Aufl., Mannheim u. a. 1987.

Tannenbaum, Computer Networks 1988
Tannenbaum, A.S.: Computer Networks, Englewood Cliffs 1988.

Taylor, Network architecture design handbook 1997
Taylor, E.D.: Network architecture design handbook: data, voice, multimedia, intranet, and hybrid networks, New York 1997.

UML Notation Guide 1997
Rational Software u. a.: UML Notation Guide, Version 1.1, 01.09.1997, URL: http://www.rational.com/uml/html/notation.

UML Semantics 1997
Rational Software u. a.: UML Semantics, Version 1.1, 01.09.1997, URL: http://www.rational.com/uml/html/semantics.

UML Summary 1997
Rational Software u. a.: UML Summary, Version 1.1, 01.09.1997, URL: http://www.rational.com/uml/html/summary.

Vernadat, Enterprise Modeling and Integration 1996
Vernadat, F.B.: Enterprise Modeling and Integration: Principles and Applications, London 1996.

Vossen, Datenbank-Management-Systeme 1995
Vossen, G.: Datenmodelle, Datenbanksprachen und Datenbank-Management-Systeme, Bonn u. a. 1995.

Ward/Mellor, Real-Time Systems 1985
Ward, P.T., Mellor, S.J.: Structured Development for Real-Time Systems, Vol. 1: Introduction & Tools, Englewood Cliffs u. a. 1985.

Wedekind, Datenbanksysteme I 1991
Wedekind, H.: Datenbanksysteme I: Eine konstruktive Einführung in die
    Datenverarbeitung in Wirtschaft und Verwaltung, 3. Aufl.,
    Mannheim u. a. 1991.

Wirfs-Brock/Wilkerson/Wiener, Objektorientiertes Software-Design 1993
Wirfs-Brock, R., Wilkerson, B., Wiener, L.: Objektorientiertes Software-Design,
    München 1993.

Yourdon, E. u. a., Mainstream Objects 1996
Yourdon, E. u. a.: Mainstream Objects, München u. a. 1996.

Zachman, Framework for Information Systems Architecture 1987
Zachman, J.A.: A Framework for Information Systems Architecture, in: IBM
    Systems Journal, 26(1987)3, S. 276-292.

Zencke, BAPI 1997
Zencke, P: „Unsere Kunden nutzen BAPIs sehr kreativ für ihre Internet-
    Anwendungen", Computerzeitung, 44(1997)10, S. 14.

Zimmermann, Produktionsfaktor Information 1972
Zimmermann, D.: Produktionsfaktor Information, Neuwied-Berlin 1972.

Zucker/Schmitz, Knowledge Flow Management 1994
Zucker, B.; Schmitz, C.: Knowledge Flow Management: Wissen nutzen statt
    verspielen, in: Gablers Magazin 8(1994)11-12, S. 62-65.

Sachwortverzeichnis